Inhaltsverzeichnis

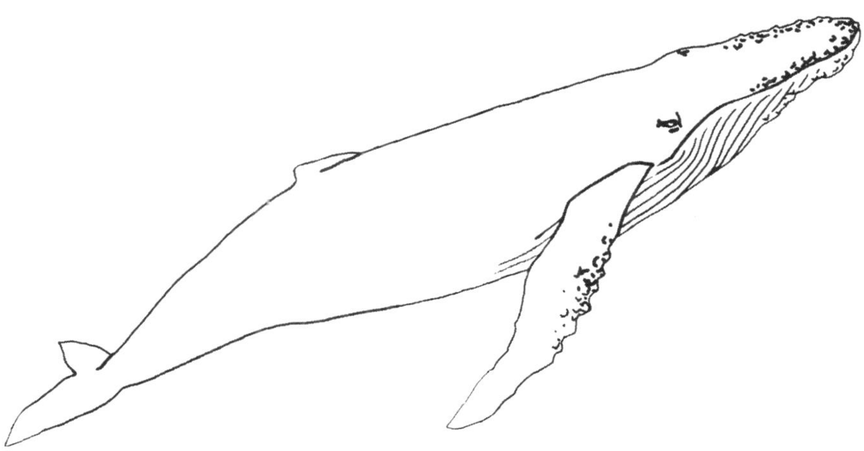

Vorbemerkungen

Liebe Kolleginnen und Kollegen,

wir haben uns für das Kinderbuch Sams Wal entschieden, weil es so facettenreich ist, wie man es sich von einem Kinderbuch für den Unterricht wünscht: Abenteuer, Spannung und das Mitgefühl zu einem hilflosen Meeressäuger werden die Kinder begeistern und dafür sensibilisieren, über bedrohte Tiere und den damit verbundenen Tierschutz nachzudenken. Somit wird auch ein Beitrag zur Umwelterziehung geleistet.

Gerade deshalb war es uns auch wichtig, den umfangreichen, fächerübergreifenden, sachunterrichtlichen Teil, in dem sich die Kinder alles Wissenswerte über die Welt der Wale erarbeiten, zu integrieren. Im Anhang befinden sich Adressen, wo man sich ausführlich über Aktionen zum Walschutz informieren kann.

Arbeitsblätter / Arbeitskarten

Der erste Teil dieses Literaturprojektes enthält lesebegleitende Arbeitsaufträge zum Kinderbuch, die zur Auseinandersetzung mit dem Gelesenen dienen. Ein Wissensquiz arbeitet den Inhalt noch einmal spielerisch auf. Daran schließen sich Schreibanlässe sowie Aufgaben aus dem Bereich „Sprache untersuchen" an, welche die anderen Bereiche des Deutschunterrichts integrativ abdecken.

Im letzten Teil stehen Ihnen 19 Arbeitsangebote zur Verfügung, die Sie alternativ als Werkstatt, Unterrichtsreihe oder als Buch für die Kinder zusammenstellen können. Dieser Teil leistet die sachunterrichtliche Auseinandersetzung mit dem Thema „Wale". Schließlich sollen die Kunstangebote zur Klassenraumgestaltung die Kinder ganz und gar in die faszinierende Welt der Wale abtauchen lassen.

Zum Buchinhalt

Sam traut seinen Augen nicht, als er am Strand einen seltenen Zwergpottwal findet. Nach und nach baut Sam eine tiefe Beziehung zu dem hilflosen Tier auf und setzt sich zum Ziel, dem Wal das Leben zu retten. So muss er gegen die Hitze, die fortschreitende Zeit, die Walfänger und die geringe Überlebenschance des Wales ankämpfen. Doch allein wird er es nicht schaffen können …

Wir wünschen Ihnen und Ihren Kindern viel Spaß mit dem Literaturprojekt und der Walewerkstatt!

Julia Bracke und Birgit Giesen

Mein Lesetagebuch zu:

Sams Wal

von

Katherine Scholes

Name: ____________________

Klasse: ____________________

Datum: ____________________

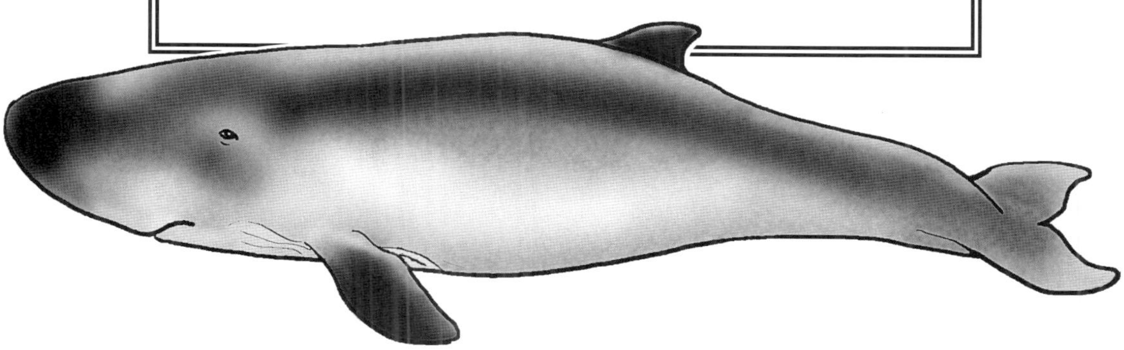

BVK LP09 • Julia Bracke / Birgit Giesen: Literaturprojekt „Sams Wal“

Name: ______________________ Datum: __________

Zwergpottwal-Lesezeichen

zu Seite 7

In dem Kinderbuch von Katherine Scholes geht es um einen seltenen Zwergpottwal. Hier lernst du ihn besser kennen.

1. Lies den Informationstext.
2. Fülle den Steckbrief aus.
3. Male den Zwergpottwal naturgetreu an.
4. Schneide das Lesezeichen an der Außenlinie aus.
5. Falte das Papier an der gestrichelten Linie.
6. Klebe nun die beiden Seiten zusammen.

Viel Spaß beim Lesen!

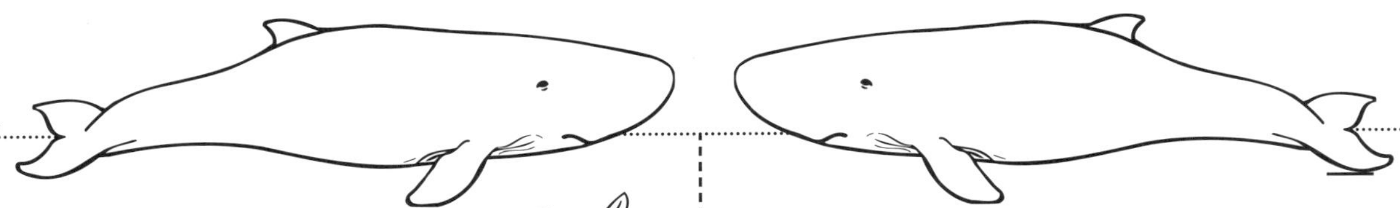

Der Zwergpottwal

Der Zwergpottwal gehört zur Gruppe der Zahnwale. Er lebt weit vor der Küste und bevorzugt wärmere Gewässer, wie beispielsweise die Südostküste der USA, die Küste von Südafrika, Südostaustralien und Neuseeland. Der Zwergpottwal ist mit dem Pottwal verwandt.
Erwachsene Tiere messen zwischen 2,70 m und 3,50 m und wiegen etwa 315 bis 400 kg. Der Zwergpottwal ernährt sich hauptsächlich von Tintenfischen, Fischen und Kleinkrebsen. Er lebt in Gruppen mit drei bis sechs Tieren zusammen. An seiner Oberseite ist er dunkelgrau und an seiner Unterseite grauweiß gefärbt. Er taucht sehr langsam auf und sinkt später wie ein Stein in die Tiefe. Wenn der Zwergpottwal erschrickt, verliert er eine braune Darmflüssigkeit, die eine dichte Wolke hinterlässt, und taucht ab. Dies dient vermutlich als Ablenkung und Schutz vor Feinden.

Steckbrief: Zwergpottwal

Lebensraum: ______________________

____

____

____

Größe: ______________________

Gewicht: ______________________

Nahrung: ______________________

____

Verwandte (Art): ______________________

Besonderheiten: ______________________

____

____

BVK LP09 • Julia Bracke / Birgit Giesen: Literaturprojekt „Sams Wal"

Name: ______________________ Datum: ____________

So fühlt sich ein Wal an

zu Seite 10 – 11

Experiment:

- Fülle einen großen Behälter mit Wasser.
- Lege einen Gummistiefel hinein. (Am besten zwei Tage darin liegenlassen.) Beschwere ihn eventuell mit einem Stein.
- Taste den Gummistiefel mit geschlossenen Augen ab.

1. Führe das Experiment durch. Wie fühlt sich die Haut eines Wales an?
2. Finde passende Adjektive (Wiewörter) und schreibe sie auf die Linien.

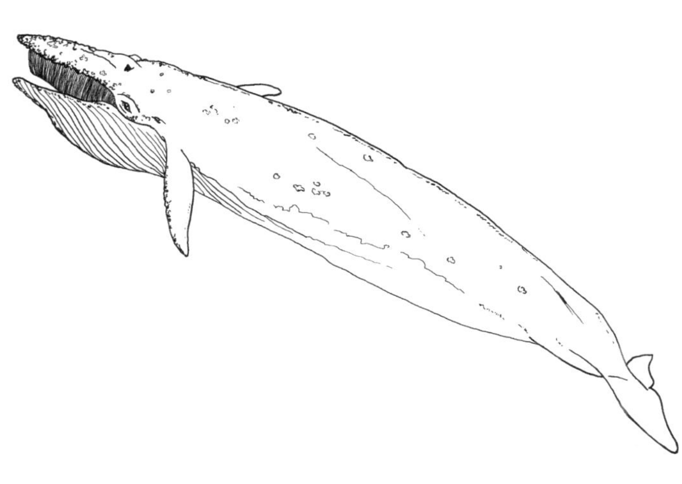

BVK LP09 • Julia Bracke / Birgit Giesen: Literaturprojekt „Sams Wal“

Name: ______________________ Datum: ____________

Treibgut am Strand?

zu Seite 10 – 15

Auf dem Weg zum Meer entdeckt Sam plötzlich einen dunklen Hügel auf dem weißen Sand. So etwas hatte er schon einmal gesehen, es waren die Körper von toten Meerestieren gewesen. Sam rutschte die Düne hinunter und lief den Strand entlang, die Augen fest auf den Wal gerichtet …

1. Warum hat es Sam so eilig, zu dem gestrandeten Wal zu kommen?

2. Als Sam den Wal näher betrachtet, ist er fasziniert von seinem Aussehen. Beschreibe genau, was Sam auffällt.

3. Was machst du, wenn du am Strand spazieren gehst und ein hilfloses Meerestier findest?

4. Male den Wal oben rechts in das Bild.

Name: ______________________ Datum: ____________

Wie kann man einem gestrandeten Wal helfen?

zu Seite 10 – 15

Sam bekommt Mitleid mit dem Wal in der Hitze und weiß sofort, was zu tun ist.

Hier findest du Ratschläge von Meeresbiologen.
Lies die Texte und ergänze die Bilder.

So schnell wie möglich Hilfe holen: Polizei oder Fachleute informieren.

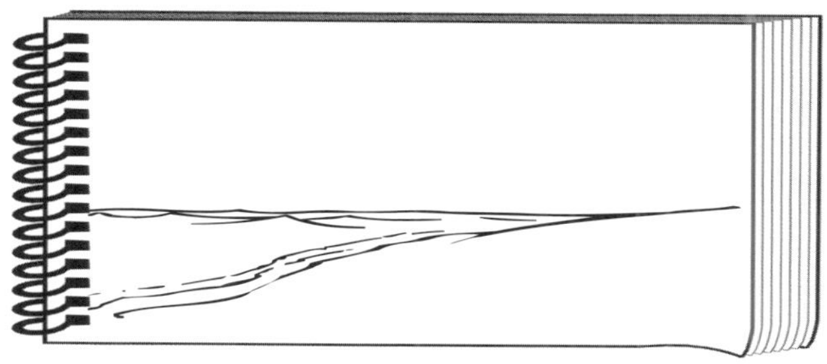

Die Haut des Wales feucht halten, indem das Tier mit Wasser übergossen wird. Vor Sonne schützen!

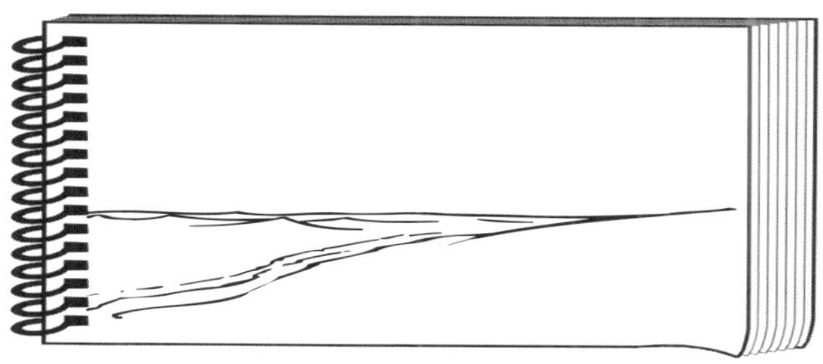

Schnelle Bewegungen oder laute Geräusche vermeiden!

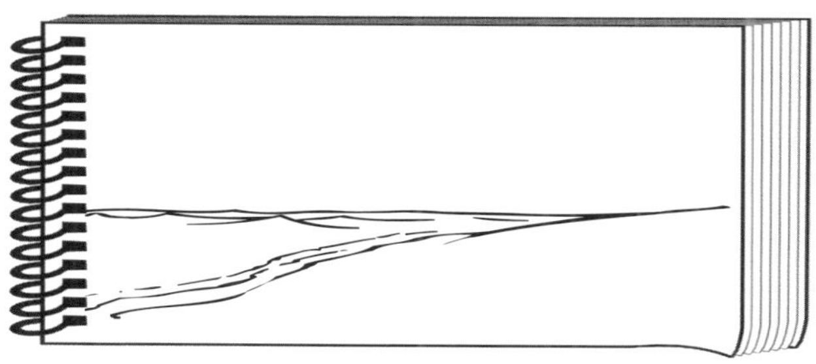

Die Flut abwarten.

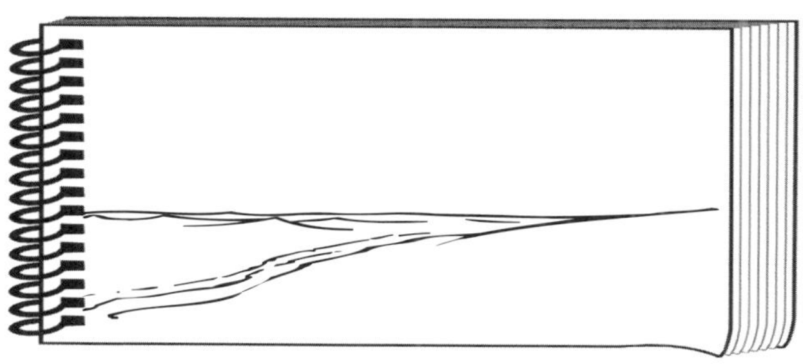

Mit kräftigen Helfern das Tier herumdrehen und ins offene Meer befördern. (Auf das Atemloch achten!)

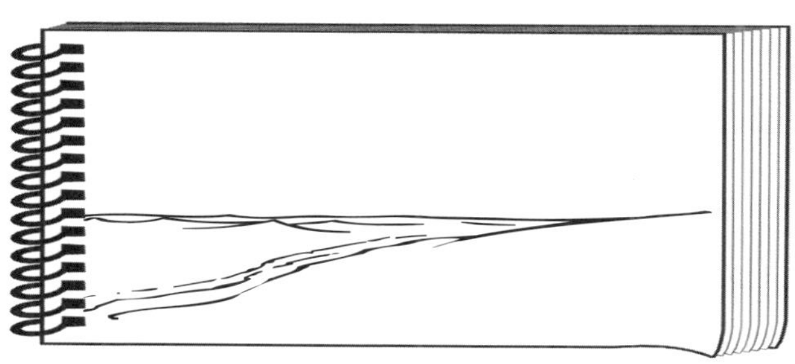

BVK LP09 • Julia Bracke / Birgit Giesen: Literaturprojekt „Sams Wal“

Name: ______________________________ Datum: ______________

Wo liegt eigentlich Tasmanien?

zu Seite 16

1. Lies den Text.
2. Suche auf einer Weltkarte die Kontinente Australien, Asien, Europa, Afrika, Nord- und Südamerika.
3. Beschrifte die Kontinente und die Ozeane auf dem Arbeitsblatt.
4. Findest du Tasmanien? Male den Zwergpottwal an die entsprechende Stelle.
5. Zeichne einen Punkt auf die Weltkarte, wo du wohnst.

Sams Wal ist an der Küste von Tasmanien gestrandet.
Die Insel Tasmanien liegt südöstlich von Australien und ist durch die sogenannte Bass-Straße vom Kontinent Australien getrennt. Tasmanien ist ein Bundesstaat Australiens, 68 400 km² groß und hat ca. 502 600 Einwohner.

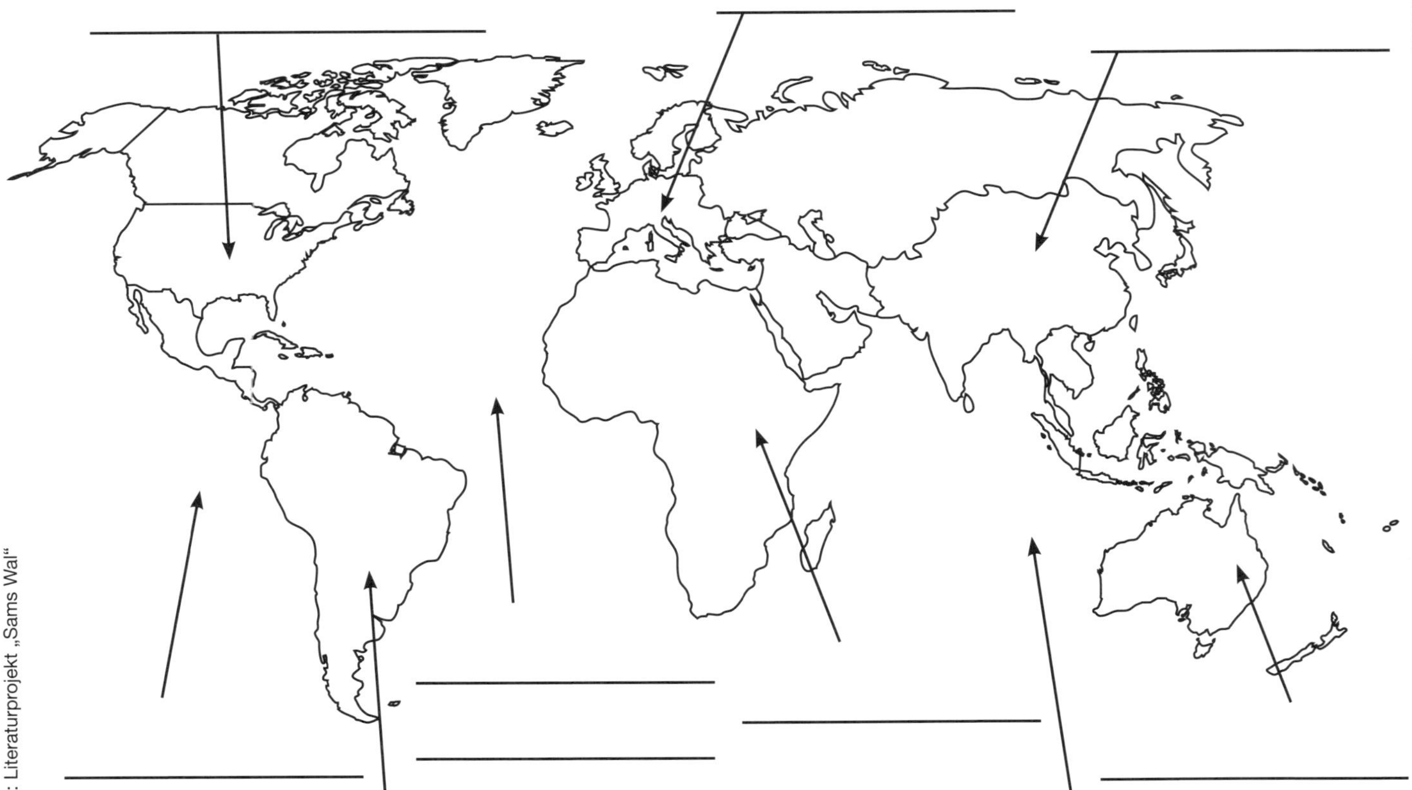

BVK LP09 • Julia Bracke / Birgit Giesen: Literaturprojekt „Sams Wal“

Name: ______________________________ Datum: ______________

Wer kann Sam helfen?

zu Seite 16 – 20

Sam wartet sehnsüchtig auf die Flut.
Weißt du, was Ebbe und Flut sind? Hier kannst du es noch einmal nachlesen.

> Das Meer steigt und fällt: Das nennt man auch **Gezeiten.**
> Sie entstehen durch die Anziehungskraft des Mondes und der Sonne auf die Erde. Man sagt dazu auch **Ebbe** (Fallen) und **Flut** (Steigen). Bei Ebbe wird der Küstenstreifen durch das zurückgehende Wasser freigelegt, bei Flut wird er wieder überschwemmt. Die Gezeiten dauern jeweils zwölf Stunden. Da der Mond fast 25 Stunden braucht, um an die gleiche Stelle am Himmel zurückzukehren, verschieben sich die Gezeiten jeden Tag um etwa 50 Minuten. Bei Vollmond und Neumond sind die Gezeiten stärker. Man nennt das **Springflut.**

Von wem kann Sam Hilfe erwarten? Lies genau und kreuze an:

Die Flut
- [K] hilft, weil das steigende Wasser den Walkörper anheben kann.
- [P] hilft, weil der Mond dann länger scheint.
- [L] hilft, weil dann das Wasser verschwindet und man dann den Wal besser ins Meer rollen kann.

Die Ebbe
- [A] hilft, weil sie besonders hohe Wellen macht.
- [I] hilft, weil sie ungefährlich ist.
- [Ü] hilft nicht, weil kein Wasser da ist.

Emma
- [P] kann helfen, weil sie viel größer als Sam ist und sich gut mit Walen auskennt.
- [T] kann nicht helfen, weil sie noch in der Schule ist.
- [S] muss Babysitten und kann nicht helfen.

Gus
- [K] kann nicht helfen, weil er bei einer Orchideenausstellung ist.
- [E] kann nicht helfen, weil er auf den Lafette-Inseln Vogelnester fotografiert.
- [T] kann helfen, weil er von seinen Ausflügen bereits zurückgekehrt ist.

Lucy
- [R] kann nicht helfen, weil sie nicht lesen und nicht schreiben kann.
- [E] kann helfen, weil sie gehorsam mit der Nachricht wegläuft.
- [A] kann nicht helfen, weil sie die Nachricht im Sand verbuddelt.

Lösungswort: ____ ____ ____ ____ ____

BVK LP09 • Julia Bracke / Birgit Giesen: Literaturprojekt „Sams Wal"

Name: ______________________ Datum: ____________

Sams Lager

zu Seite 20 – 22

In Sams Lager befinden sich eine Menge Schätze, die vom Meer angespült wurden und die Sam im Laufe vieler Jahre gesammelt hat. Die Schätze haben sich senkrecht und waagerecht im Suchsel versteckt. Findest du sie?

1. Suche die Wörter und kreise sie ein.

B	L	E	I	S	T	I	F	T	S	T	U	M	M	E	L
B	T	R	E	I	B	H	O	L	Z	S	T	Ü	C	K	E
X	R	S	X	L	L	N	J	K	K	T	L	S	N	Y	V
B	H	L	O	Z	G	G	L	F	R	U	I	X	S	P	R
W	I	R	B	E	L	K	N	O	C	H	E	N	W	C	I
A	K	X	O	T	Q	I	T	R	N	L	K	G	R	S	P
L	N	R	J	A	I	A	G	N	S	L	I	A	I	T	P
Z	M	S	E	M	U	A	T	L	E	U	Z	F	N	H	E
Ä	R	R	N	E	Z	I	P	T	I	I	C	D	D	K	T
H	I	C	C	K	J	L	B	V	L	O	H	K	E	J	L
N	L	Y	S	I	T	Z	B	R	E	T	T	L	C	T	X
E	K	W	G	S	U	A	E	L	M	N	P	M	N	S	A
P	Z	N	E	T	Z	E	W	S	W	P	D	Ü	K	E	M

2. Schreibe die Wörter in der Einzahl und in der Mehrzahl in dein Heft.

3. Hast du auch schon einmal „Schätze“ gesammelt? Schreibe sie in die Schatztruhe.

Name: ______________________ Datum: ______________

Brief an Sams Schwester Emma

zu Seite 20 – 23

Sam beschließt, Lucy nach Hilfe zu schicken. Mit einem Bleistiftstummel schreibt er auf ein Stück Rinde eine kurze Nachricht an seine Schwester Emma. Er bindet Lucy die Nachricht um den Hals. Es handelt sich nicht um einen gewöhnlichen Brief, sondern um einen kurzen Notruf von Sam.

1. Verfasse eine Nachricht. In diesem Notruf müssen folgende Fragen beantwortet werden.

Was ist passiert? **Wann?** **Wem?** **Wo?**

2. Stelle dir vor, in deinem Umfeld passiert ein Notfall. Wie würdest du Hilfe holen? Schreibe auf.

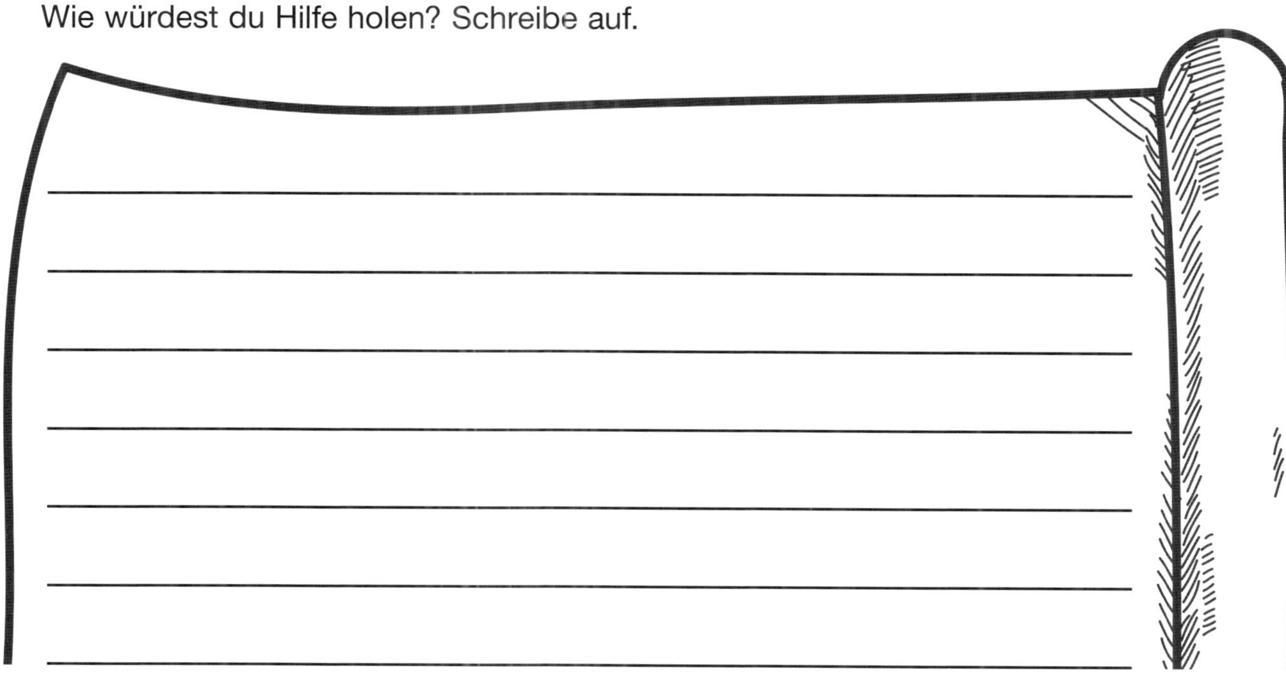

BVK LP09 • Julia Bracke / Birgit Giesen: Literaturprojekt „Sams Wal“

Name: ______________________ Datum: ____________

Sam und der Hai-Wal

zu Seite 24 – 30

1. Sam spricht häufiger mit dem Wal. Schreibe auf, was Sam zu ihm sagt.

2. Was meinst du, warum Sam überhaupt mit dem Wal spricht?
   Was möchte er damit erreichen?

   ____

   ____

   ____

3. Was geht wohl in Sam vor, als er die Herzschläge des Wales an seinem Rücken spürt? Was denkt er?

Name: ______________________ Datum: ____________

Beschreibung von Sam, Bill und Digger

zu Seite 24 – 37

Sam, Bill und Digger verhalten sich ganz unterschiedlich.
Während Sam sehr liebevoll mit dem Wal umgeht und versucht, ihn zu retten, sind Bill und Digger scheinbar nur auf die Walzähne aus.

1. Verbinde die passenden Adjektive (Wiewörter) mit den Personen.
   (Vorsicht Falle: Es passen nicht alle!)

zutraulich | neidisch | gierig | hilfsbereit
freundlich | brutal | geizig | verfressen
dumm
egoistisch

Sam

verlogen | fürsorglich

Bill & Digger

umsichtig | bösartig
fröhlich | klug
hinterhältig | besorgt | lustig
tierfreundlich | verantwortungsbewusst

2. Male die Person in den Rahmen, die dir am besten gefällt.

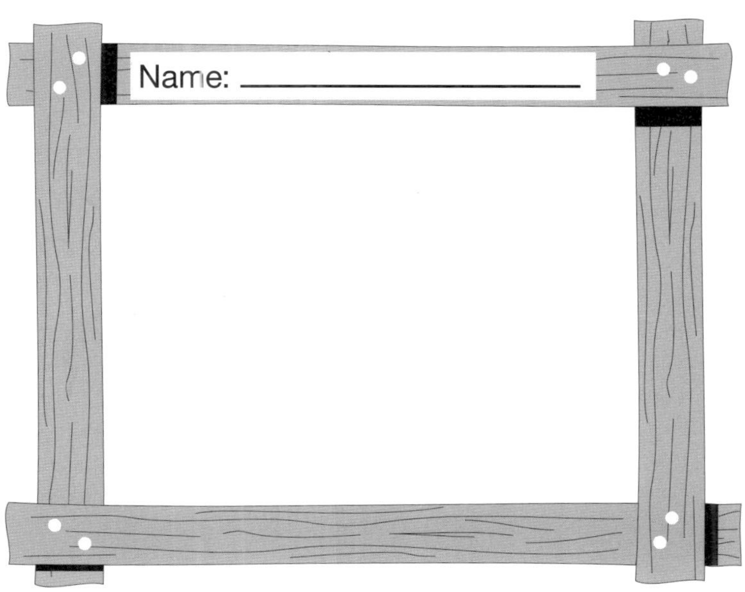

BVK LP09 • Julia Bracke / Birgit Giesen: Literaturprojekt „Sams Wal"

Name: ______________________ Datum: ______________

Sam und die Brüder Digger und Bill

zu Seite 36 – 39

1. Suche dir zwei Kinder und spiele das Gespräch zwischen Sam, Bill und Digger auf den Seiten 36 und 37 nach. Versuche, betont zu sprechen und zu spielen.

2. Sam will seinen Hai-Wal retten. Die Brüder Digger und Bill haben jedoch andere Pläne mit dem Wal. Schreibe sie auf.

3. Schreibe die Argumente von Sam auf, Bill und Digger davon abzubringen, den Wal zu töten. Suche auch eigene Argumente.

BVK LP09 • Julia Bracke / Birgit Giesen: Literaturprojekt „Sams Wal“

Name: ______________________________ Datum: ______________

Rätsel

zu Seite 40 – 45

Kannst du die folgenden Fragen beantworten?
Lies im Buch auf den Seiten 40 bis 45 noch einmal genau nach.

1. Was hält Bill in den Händen?
2. Was ist Angus Cowley (Gus) von Beruf?
3. Wie nennen alle diese Art von Wal?
4. Die Zähne des Wals sind erstaunlich ...
5. Wer kommt über die Dünen gelaufen?
6. Was ist mit Bills Zehe? Sie ...
7. Was wollen Bill und Digger Sam für den Wal anbieten? Ein Stück ...
8. Sam setzt ... und Hölle in Bewegung.
9. Was genau will Digger für seine Sammlung haben?
10. Darauf wusste Sam nicht zu antworten. Er sah vor sich hin und ihm war ganz ... zumute.
11. Digger versetzt dem Wal grundlos einen Stoß mit dem ...
12. Sams Gesicht ist vor Wut ...

1.			E																	
2.	B																			
3.		A																		
4.	C																			
5.		D																		
6.						J														
7.																				
8.			I																	
9.	F																			
10.			H																	
11.																				
12.								G												

Die grauen Felder ergeben nach dem Abc sortiert die Lösungswörter!

A	B	C	D	E		F	G	H	I	J

Name: ______________________ Datum: ____________

Lucy kehrt zurück

zu Seite 40 – 45

1. Was sagt und tut Sam, als er seinen Hund Lucy oben auf der Düne erblickt?
   Schlage auf Seite 40 / 41 nach und schreibe die Textstelle heraus.

2. Sam sucht mit seinen Augen den Strand ab und fragt Lucy, was passiert ist (Seite 43 / 44). Welche Adjektive passen zu Sams Gefühlen? Male sie rot an.

fröhlich	verzweifelt	allein	verlassen	verliebt
glücklich	ängstlich	eifersüchtig	aufgeregt	neidisch
müde	hilflos	gierig	hilfsbereit	beleidigt
dick	jämmerlich	einsam	traurig	friedlich
stolz	stark	unhöflich	elend	peinlich
mutig	großartig	egoistisch	unglücklich	angeberisch
schüchtern	ungeduldig	wütend	zornig	wundervoll

3. Was hättest du an Sams Stelle getan? Schreibe auf.

BVK LP09 • Julia Bracke / Birgit Giesen: Literaturprojekt „Sams Wal"

Name: ______________________________ Datum: ____________

Angus kommt zu Hilfe

zu Seite 46 – 49

Hier ist einiges durcheinandergeraten. Schaffst du es, die Geschichte wieder in Ordnung zu bringen?
Schneide die Textteile aus und klebe sie in der richtigen Reihenfolge auf.

Plötzlich trieb der Fischkutter von Bill und Digger ab. Der Anker hatte sich losgemacht. [A]

Gründlich untersuchte er das Tier und betrachtete es von allen Seiten. Vorsichtig tastete er die Schwanz- und Rückenflossen ab. [T]

Sam sah Angus die Düne am Strand hinunterlaufen. In seinem Rucksack klapperten laut die Wasserflasche und das Fahrtenmesser aneinander. [P]

Die beiden Männer wateten zu ihrem Kutter. Dann ruderten sie mit kräftigen Schlägen davon. [E]

Angus erklärte, dass bald die Flut käme. Dann könnten sie zu viert den Wal zurück ins Wasser bringen. [W]

Angus ließ seinen Rucksack fallen, um den Wal genau betrachten zu können. [O]

Sam fragte Angus besorgt, ob der Wal überleben wird. [T]

Sam und Angus überlegten, ob sie es auch allein schaffen könnten, den Wal zurück ins Wasser zu bringen. [L]

BVK LP09 • Julia Bracke / Birgit Giesen: Literaturprojekt „Sams Wal"

Name: ______________________________ Datum: ______________

Zusammengesetzte Nomen (Namenwörter)

zu Seite 46 – 49

1. Lies das Kapitel noch einmal gut durch.
   Suche alle zusammengesetzten Nomen aus dem Text und schreibe sie auf.

____

____

____

____

____

2. Was gehört zusammen?
   Finde alle zusammengesetzten Nomen mit dem Wort **Wal** und schreibe sie mit dem passenden Artikel (Begleiter) auf.

Killer · Ur · Schutz · Barten · Gesang · Pott · Ross · Bulle · Familie · Fleisch · Kuh · Fänger · Arten · Skelett · Zahn · Herde · Kalb · Flossen · Fett

der Pottwal

____

____

____

____

____

____

BVK LP09 • Julia Bracke / Birgit Giesen: Literaturprojekt „Sams Wal“

Name: ______________________ Datum: ____________

Sam und Angus retten den Hai-Wal

zu Seite 50 – 61

Sam und Angus gelingt es schließlich, den Wal zurück ins Wasser zu bringen. Lies dies auf den Seiten 50 bis 61 noch einmal genau nach.

Schreibe mit Hilfe der Wortkärtchen die Rettungsaktion als zusammenhängenden Text auf.

Flut abwarten	Sonnenschutz aufbauen	Wal auf den Bauch drehen
immer wieder buddeln und anschieben	Sand unter dem Wal weggraben	große Welle abwarten und Wal anschieben
Wal weiterrollen	zwischendurch Kopf anheben (damit das Atemloch nicht im Wasser liegt)	Muskeln lockern

BVK LP09 • Julia Bracke / Birgit Giesen: Literaturprojekt „Sams Wal“

Name: ______________________________ Datum: ______________

Abschied

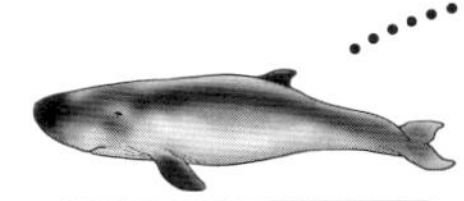

zu Seite 59

Mit einem schmerzlichen Gefühl von Abschied sagte Sam: „Bist du schön, mein Wal!“.

1. Was würdest du zum Abschied sagen? Schreibe in die Sprechblase.

2. Male dich und den Wal ins Bild.

Name: ______________________________ Datum: ______________

Geschichte weiterschreiben

Entscheide dich für eine Textidee:

- Wie ergeht es dem Wal zurück in der Freiheit?
- Was erlebt Sam nach der Verabschiedung?

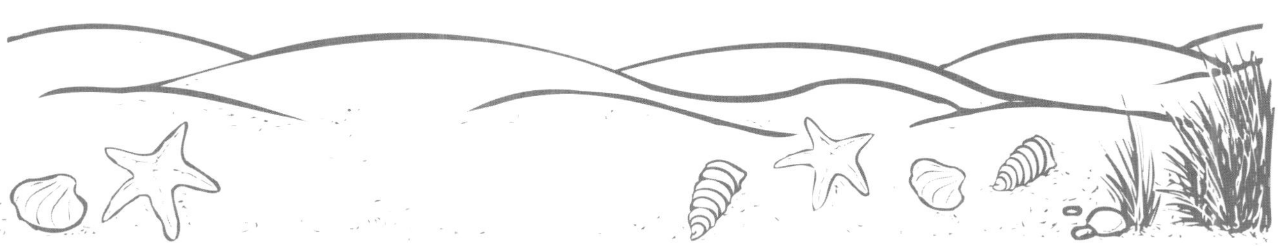

BVK LP09 • Julia Bracke / Birgit Giesen: Literaturprojekt „Sams Wal"

Name: ______________________ Datum: __________

Buchkritik

Versuche, das Arbeitsblatt mit Hilfe des Buches auszufüllen.

Titel des Buches:

____

Autorin:

____

Verlag:

____

Anzahl der Seiten:

____

Das Buch illustriert hat:

____

So sieht meine Lieblingsfigur

______________________ aus:

Das finde ich gut an ihr:

____

____

Möchtest du jemandem aus dem Buch die Meinung sagen? Dann los …

____

____

____

____

Setze ein: spannendste / aufregendste / lustigste / traurigste / tollste ...

Die ______________ Stelle des Buches befindet sich auf der Seite ______ .

Das hat mir an der Geschichte nicht so gut gefallen: ______________________

____

____

BVK LP09 • Julia Bracke / Birgit Giesen: Literaturprojekt „Sams Wal“

Name: ______________________ Datum: ____________

Wissensquiz zu Sams Wal (1)

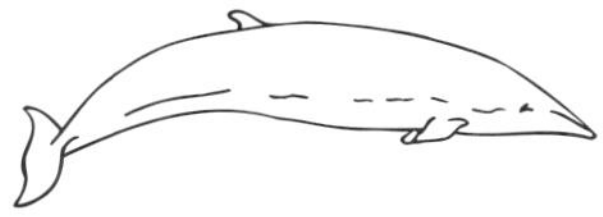

Spielregeln

☺☺ – ☺☺☺☺

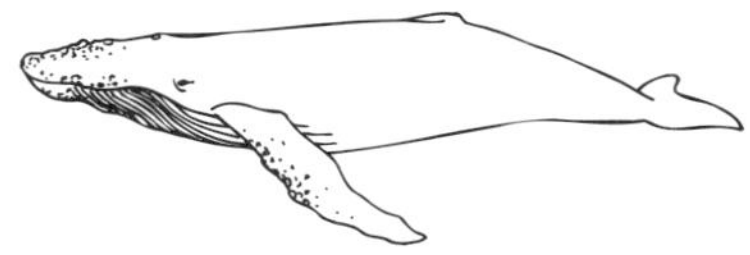

Ihr braucht:

- Spielplan (auf DIN A3 hochkopiert) und Spielkarten
- 1 Würfel, pro Spieler 1 Spielstein

1. Die Spielkarten werden verdeckt auf das Spielfeld gelegt.
2. Würfelt abwechselnd und rückt um die gewürfelte Augenzahl vor.
3. Landest du auf einem Feld mit einem grauen Wal, ziehst du eine Spielkarte. Dein rechter Mitspieler liest dir die Frage oder Aufgabe vor. Bei einer richtigen Antwort darfst du zwei Felder vorrücken. Hast du falsch geantwortet, bleibst du stehen.
4. Bei einer Ereigniskarte muss der Spieler die gestellte Aufgabe erfüllen.

Wer zuerst im Ziel ist, hat gewonnen.

Spielkarten

Sams Hund Lucy rennt los, um Hilfe zu holen. **Rücke zwei Felder vor.**	Schließlich schwimmt Sams Wal in die Freiheit. **Rücke zwei Felder vor.**
Sam und Angus müssen ihre ganze Kraft einsetzen, um den Wal ins Meer zu bekommen. **Erhole dich und setze einmal aus.**	Sam benötigt viel Zeit, die Higgs-Brüder abzuwimmeln. **Setze einmal aus.**
Sam läuft zu seinem kleinen Unterschlupf, um einen Brief zu schreiben und Material für einen Sonnenschutz zu besorgen. **Gehe ein Feld zurück.**	Als endlich die Flut kommt, geht alles ganz schnell und Sam und Angus können dem Wal helfen. **Gehe zwei Felder vor.**

BVK LP09 • Julia Bracke / Birgit Giesen: Literaturprojekt „Sams Wal"

Name: ______________________________ Datum: ______________

Wissensquiz zu Sams Wal (2)

Welche drei Gegenstände benötigt Sam für die Nachricht, die er verschickt?

Rinde, einen Bleistiftstummel, einen Stoffstreifen

Wo genau spielt die Geschichte „Sams Wal“?

auf Tasmanien, einem Bundesstaat von Australien

Was sammeln Bill und Digger mit besonderer Vorliebe?

Jagdtrophäen von verschiedenen Walen

Nenne andere Begriffe für die Gezeiten am Meer.

Ebbe und Flut

Wie heißt der Hund von Sam?

Lucy

Warum treibt der Kahn von Bill und Digger plötzlich ab?

Weil sich der Anker losgemacht hat.

Warum hätte der gestrandete Wal ganz leicht ertrinken können?

Die stärker werdende Flut hätte das Atemloch bedeckt und der Wal hätte nicht mehr atmen können.

Gehört der Zwergpottwal zu
a) den Fischen,
b) den Säugetieren oder
c) den Amphibien?

b) den Säugetieren

Warum kann der befreite Wal zunächst nicht ins Meer hinausschwimmen?

Da er zu lange auf der Seite lag, müssen zunächst seine Muskeln gelockert werden, damit er seine Körperbeherrschung wiederfindet.

Wie groß kann ein Zwergpottwal werden?

Er wird zwischen 2,70 m und 3,50 m groß.

BVK LP09 • Julia Bracke / Birgit Giesen: Literaturprojekt „Sams Wal“

Name: ______________________ Datum: ____________

Wissensquiz zu Sams Wal (3)

Wovon ernährt sich ein Zwergpottwal? **von Tintenfischen, Fischen und Kleinkrebsen**	Wie heißen die Meerespflanzen, mit denen Sam versucht, den Wal vor der Sonne zu schützen? **Seetang oder Algen**
Wie nennt Sam den Wal, den er am Strand entdeckt? **Hai-Wal**	Was für einen Wal findet Sam? **einen Zwergpottwal**
Womit versucht Sam, den Wal vor dem Austrocknen zu schützen? **Er deckt ihn mit Seetang zu, gießt Wasser über den Körper und baut später einen Sonnenschutz aus Segeltuch und Pfählen.**	Wie heißt der Naturwissenschaftler, der Sam zu Hilfe kommt? **Angus Cowley**
Was sind Bill und Digger von Beruf? **Sie sind Fischer.**	Wie fühlt sich die Haut eines Wales an? **gummiartig**
Wie heißen die Sandhügel, die sich in Strandnähe befinden? **Dünen**	Was für ein Boot besitzen Bill und Digger? **einen Fischkutter**

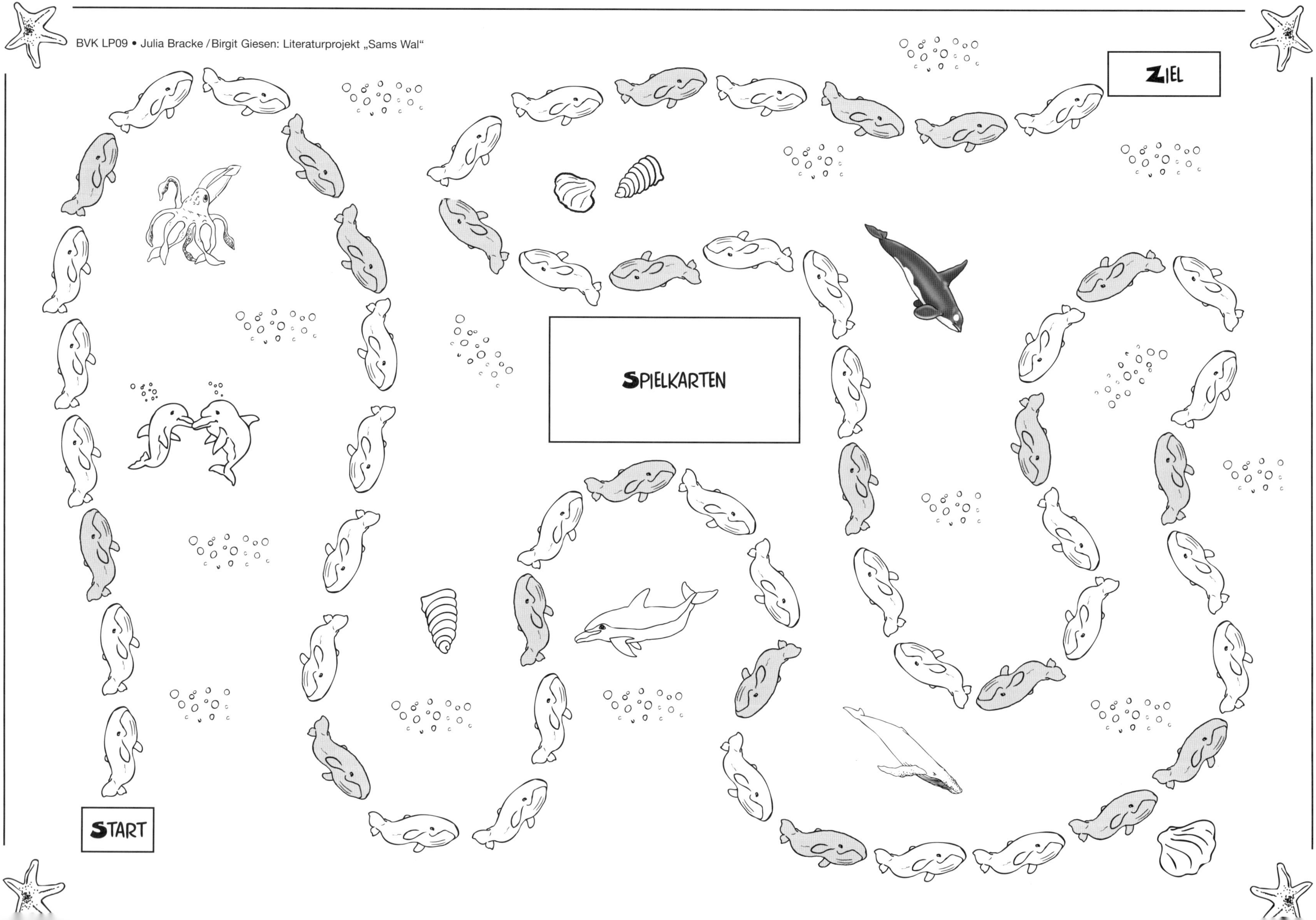
ZIEL
SPIELKARTEN
START

Name: ______________________________ Datum: ____________

Faltdiktat – Partnerdiktat

1. Lies die Wörter und markiere die Aufpassstellen.
2. Knicke das Blatt bis zur ersten Linie. Lies ein Wort und klappe es nach hinten. Schreibe es auswendig auf und sprich dabei mit.
3. Lasse dir zum Schluss alle Wörter von einem Partner diktieren.

Lernwörter	Klappdiktat	Partnerdiktat
1. der Wal		
2. die Düne		
3. entdecken		
4. das Treibgut		
5. der Körper		
6. das Meerestier		
7. selten		
8. die Schönheit		
9. beeindrucken		
10. vorsichtig		
11. nähern		
12. glänzen		
13. gummiartig		
14. reißen		
15. der Seetang		
16. der Rücken		
17. brennen		
18. der Strand		
19. schützen		
20. tatsächlich		

BVK LP09 • Julia Bracke / Birgit Giesen: Literaturprojekt „Sams Wal“

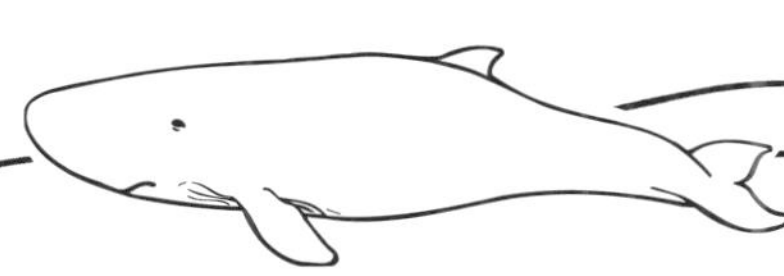

Name: ______________________ Datum: ____________

Lernwörter

1. Welche Wörter haben sich in den Purzelwörtern versteckt? Schreibe auf. Schreibe die Nomen (Namenwörter) dabei mit Artikeln (Begleitern) in der Einzahl und Mehrzahl auf. Steigere die Adjektive.

teeSang ______________________

teihönSch ______________________

tigichsvor ______________________

erestierMe ______________________

argumtigmi ______________________

einckendrube ______________________

ckendeent ______________________

tensel ______________________

2. Im Silbensalat haben sich viele Lernwörter versteckt. Findest du sie? Schreibe sie in die Tabelle.

auge – bran – bren – cken – dü – dung – glän – gut – hern –
in – kör – nä – ne – nen – per – rei – rü – schüt – sek – sel –
ßen – ten – ten – treib – wal – wal – win – zen – zen – zig

Nomen (Namenwörter)	Verben (Tuwörter)	Adjektive (Wiewörter)

BVK LP09 • Julia Bracke / Birgit Giesen: Literaturprojekt „Sams Wal"

Name: ______________________________ Datum: ______________

Diktattexte zu Sams Wal

Vorschläge für Diktatübungen:

1. Abschreibdiktate **A Der Schweinswal** **B Der Schweinswal**

- Lies den Text gut durch.
- Markiere die Aufpassstellen der Wörter farbig.
- Lege den Text zwischen die letzten Heftseiten oder stecke ihn in die Diktattasche (Klarsichthülle auf dem Heftrücken).
- Schreibe nun das Abschreibdiktat:
  Lies genau, präge dir ein, blättere um, schreibe auf! Sprich dabei mit.

2. Diktat „Wal in Gefahr“

- Lasse dir den Text von deiner Lehrerin oder einem anderen Kind diktieren.
  Weitere Übungsmöglichkeit:
  Laufdiktat:
- Lege den Text ein Stück entfernt von deinem Platz hin.
- Laufe hin und merke dir ein Stück.
- Gehe zum Platz und schreibe das, was du dir gemerkt hast, auf.
- Wiederhole, bis du den ganzen Text geschrieben hast.

Wal in Gefahr

Hinter den **Dünen** am **Strand entdeckte** Sam etwas.
Zunächst hielt er es für Treibgut.
Der dunkle Hügel erinnerte ihn jedoch an den **Körper** eines großen **Meerestieres.**
Tatsächlich, es war ein **seltener** Zwergpottwal und er lebte.
Die **Schönheit** des Tieres **beeindruckte** Sam.
Vorsichtig näherte er sich dem Wal.
Die feuchte Haut **glänzte** in der Sonne und fühlte sich **gummiartig** an.
Er riss eine Hand voll **Seetang** aus und breitete sie über den Rücken des Wales, um ihn vor der **brennenden** Sonne zu schützen.

(85 Wörter)

Erweiterungstext:
Der beißende Geruch lockte bald viele winzige Insekten an. Das große Walauge schaute Sam ruhig an. Erschöpft ließ sich Sam in den Sand fallen und hielt die Beine in die Brandung. (116 Wörter)

BVK LP09 • Julia Bracke / Birgit Giesen: Literaturprojekt „Sams Wal“

Name: ____________________ Datum: ____________

Diktattexte zu Sams Wal

A Der Schweinswal

Schweinswale schließen sich bei Wanderungen zu großen Herden zusammen, die aus zehn bis fünfzig Tieren bestehen.
Die Weibchen bringen ein Junges zur Welt, das sieben Monate gesäugt wird.
Die Lebenserwartung liegt bei 20 Jahren.
Schweinswale stehen auf der „Roten Liste“.
Diese Liste veröffentlicht Tierarten, die vom Aussterben bedroht sind.
Schweinswale halten sich in Küstennähe auf und leiden besonders unter der Meeresverschmutzung. Sie werden davon krank und bekommen Würmer in der Lunge.
Außerdem verfangen sich jedes Jahr circa 10000 Schweinswale in Fischernetzen und müssen grausam ertrinken!

B Der Schweinswal

Der Schweinswal wird auch „Kleiner Tümmler“ genannt.
Er gehört zu den kleinsten Walen und wird nur 130–180 Zentimeter groß.
Sein Rücken ist schwarz, die Bauchseite weiß und seine Schnauze abgerundet.
Man sieht ihn im Mittelmeer, an der europäischen Atlantikküste und sogar in der Nordsee und in der Ostsee.
Schweinswale bewohnen flache Meeresbereiche und schwimmen auch in Flussmündungen hinein.
Sie ernähren sich von Fischen und Tintenfischen.
Etwa viermal tauchen sie in der Minute auf, um Luft einzuatmen. Im Gegensatz zu Delfinen springen sie eher selten über die Wasseroberfläche.

BVK LP09 • Julia Bracke / Birgit Giesen: Literaturprojekt „Sams Wal“

Name: ______________________ Datum: ______________

Grammatikübungen zu Subjekt und Prädikat

Ein Satz besteht aus verschiedenen Satzgliedern. In jedem Satz gibt es ein Subjekt und ein Prädikat.

Subjekt
Das **Subjekt** sagt uns, **wer** etwas tut.
Frage: **Wer oder was?**

Prädikat
Das **Prädikat** sagt uns, **was** getan wird.
Frage: **Was geschieht?**

Beispiel: **Sam findet einen Zwergpottwal am Strand.**

Wer findet einen Zwergpottwal am Strand? **Sam.** (Subjekt)

Was tut Sam am Strand? Er **findet** einen Zwergpottwal. (Prädikat)

Hier kannst du lustige Sätze bilden. Benutze Subjekt, Prädikat und Satzergänzung.

Subjekt	Prädikat	Satzergänzung
Sam	schreibt	Hilfe.
Der Wal	holt	seinen Freund Angus.
Der Hund	läuft	in die Freiheit.
Ein Fischerboot	schwimmt	den Strand entlang.
Lucy	ruft	einen Sonnenschutz.
	atmet	einen Brief an Emma.
	baut	

Sam schreibt einen Brief an Emma.
____

____

____

____

____

____

____

____

BVK LP09 • Julia Bracke / Birgit Giesen: Literaturprojekt „Sams Wal“

Name: ______________________________ Datum: ______________

Sam und der Zwergpottwal

☐ ein seltener Zwergpottwal / an einem Strand / gefunden / wird

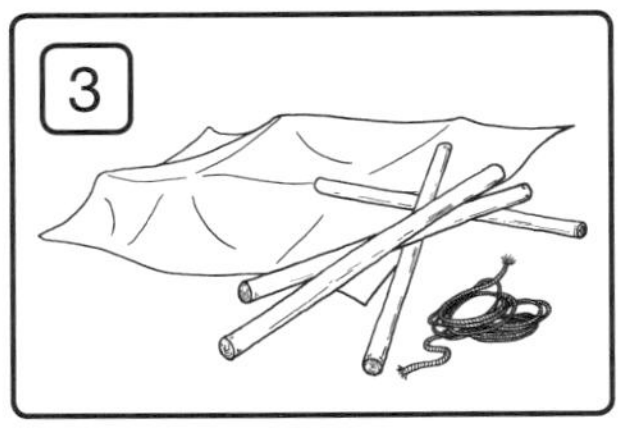

☐ ein Fischerboot / wenig / an der Landzunge / später / Sam / entdeckt

☐ dann / gegen die Sonne / baut / dem Hai-Wal / einen Schutz / er

☐ mit einem Brief / Sam / seinen Hund Lucy / nach Hause / schickt

☐ mit feuchtem Seetang / Sam / deckt / zu / ihn

☐ er / ein Segeltuch, Pfähle und ein Stück Schnur / in seinem Unterschlupf / sucht

1. Welche Texte passen zu welchem Bild? Trage die Ziffern ein.

2. Schreibe die Geschichte von Sams Wal auf. Die Satzglieder in den Kästchen helfen dir.

____

____

____

____

____

____

____

BVK LP09 • Julia Bracke / Birgit Giesen: Literaturprojekt „Sams Wal“

Name: ______________________________ Datum: ____________

Schreiben zu Bildern

Wenn du einen Text schreibst, solltest du bestimmte Schreibtipps befolgen.
Lies dir die Schreibtipps gut durch. Schreibe passend zu den Bildern einen Text.
Überprüfe nach dem Schreiben, ob du die Tipps angewendet hast.

Finde eine witzige, spannende oder interessante Idee für deinen Text.

Schreibe einen Textanfang (Einleitung), der genau zu deiner Idee passt. (z. B.: Stelle die Personen vor. Oder: Wann und wo und wie geschieht etwas?)

Wähle treffende Adjektive (Wiewörter) und Verben (Tuwörter) beim Beschreiben.

Nutze wechselnde Satzanfänge (auf einmal, zuerst, plötzlich, unerwartet, später, danach, schließlich, nach und nach ...).

Schreibe nur in einer Zeitstufe. Entscheide dich für die Gegenwart oder die Vergangenheit.

Finde eine passende Überschrift. (Überprüfe zum Schluss noch einmal, ob die Überschrift passt.)

Finde ein treffendes Textende (Schluss). Schreibe zum Beispiel über dein Gefühl oder deine Meinung oder wie es weitergehen könnte.

Textanfang, Textidee, Textende und Überschrift sollen zueinanderpassen!

BVK LP09 • Julia Bracke / Birgit Giesen: Literaturprojekt „Sams Wal“

Schaue dir das Bild in Ruhe an. Hast du eine Idee, was passiert sein könnte?
Schreibe zu deiner Idee einen Text. Achte dabei auf unsere Schreib-Tipps!

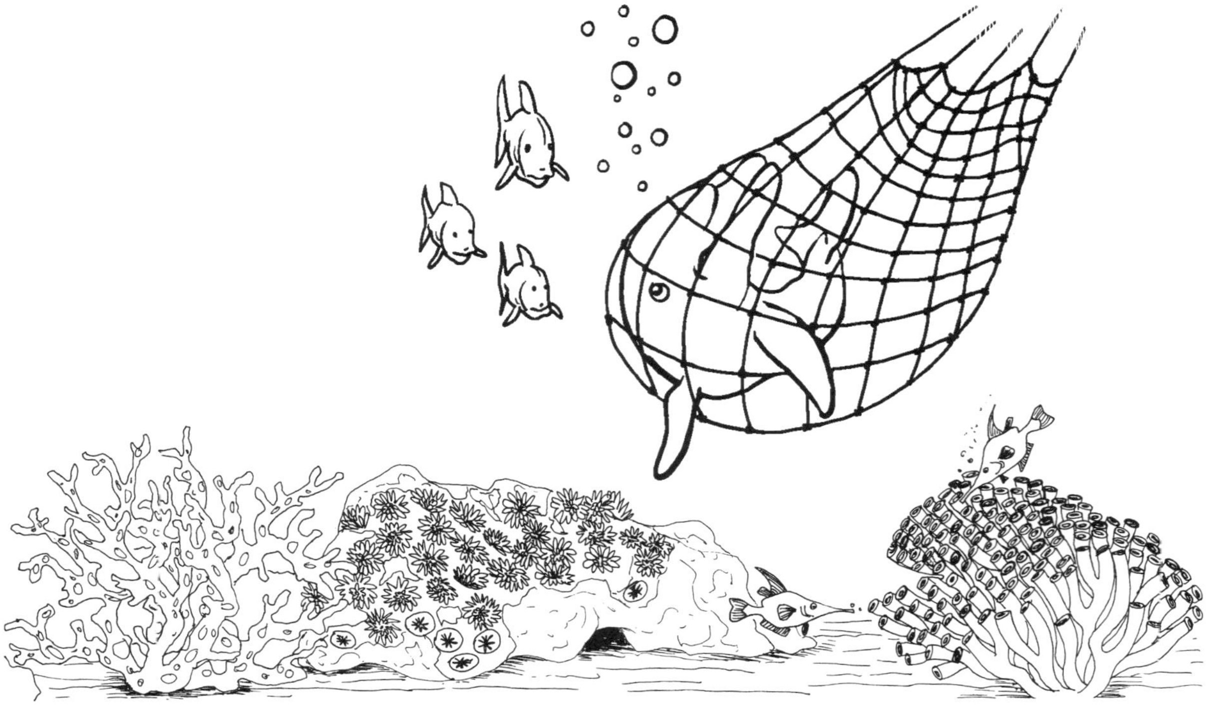

Schaue dir das Bild in Ruhe an. Hast du eine Idee, was passiert sein könnte?
Schreibe zu deiner Idee einen Text. Achte dabei auf unsere Schreib-Tipps!

Schaue dir das Bild in Ruhe an. Hast du eine Idee, was passiert sein könnte? Schreibe zu deiner Idee einen Text. Achte dabei auf unsere Schreib-Tipps!

Schaue dir das Bild in Ruhe an. Hast du eine Idee, was passiert sein könnte? Schreibe zu deiner Idee einen Text. Achte dabei auf unsere Schreib-Tipps!

BVK LP09 • Julia Bracke / Birgit Giesen: Literaturprojekt „Sams Wal“

Name: ______________________________ Datum: ______________

Bewertung des Textes

Wenn Sie Ihren Kindern eine Rückmeldung über den geschriebenen Text geben möchten, können Sie dieses Raster zum Ankreuzen benutzen.

Da es insgesamt vier Erzählbilder sind, besteht die Möglichkeit:

- die Kinder ein Bild frei wählen zu lassen,
- ein Bild anschließend als „Klassenarbeit“ auszusuchen.

✂ ....

Liebe/r

______________________________ ,

so war dein Text:

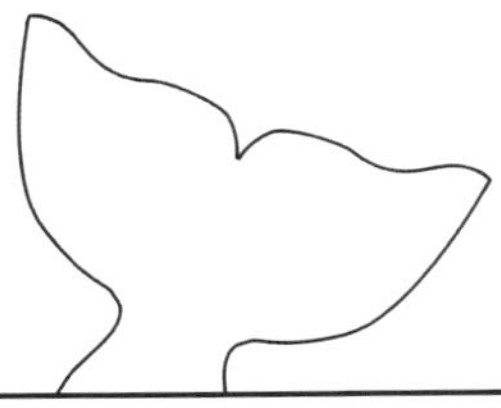

	gut gelungen	gelungen	noch nicht gelungen	Kommentar
Deine Textidee ist				
Deine Überschrift ist				
Dein Textanfang ist				
Dein Textende ist				
Du schreibst verständlich und in ganzen Sätzen.				
Du wählst treffende Adjektive und Verben.				
Du benutzt die richtige Zeitform.				

BVK LP09 • Julia Bracke / Birgit Giesen: Literaturprojekt „Sams Wal“

Name: ______________________ Datum: ____________

Anhang: Kunstangebot 1

„Unterwasserwelt“ – Technik: Papierschnitt nach Henri Matisse

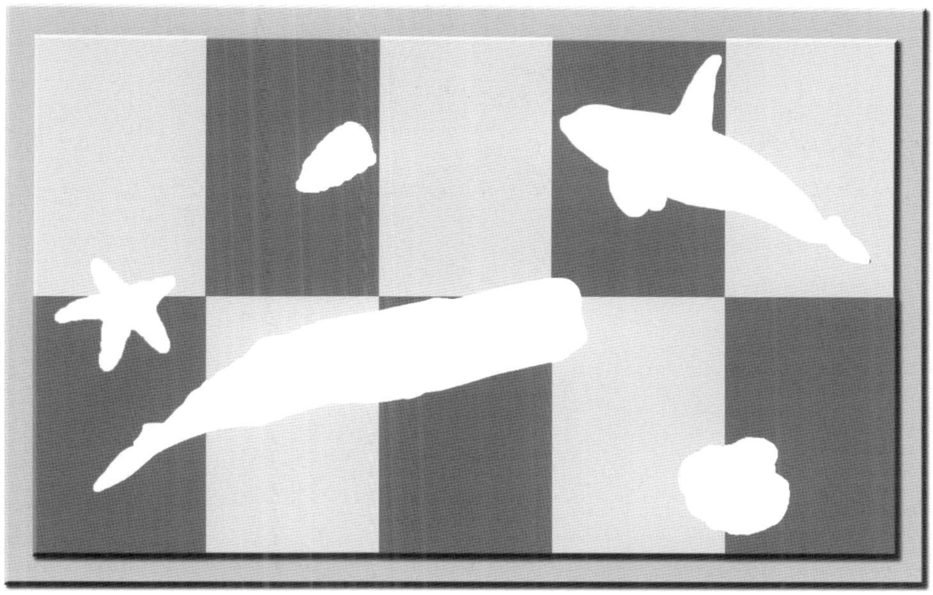

Du brauchst:
- hellblaues und dunkelblaues (Ton-)Papier
- mehrere Bogen weißes Papier
- Wal-Schablonen
- Schere und Kleber

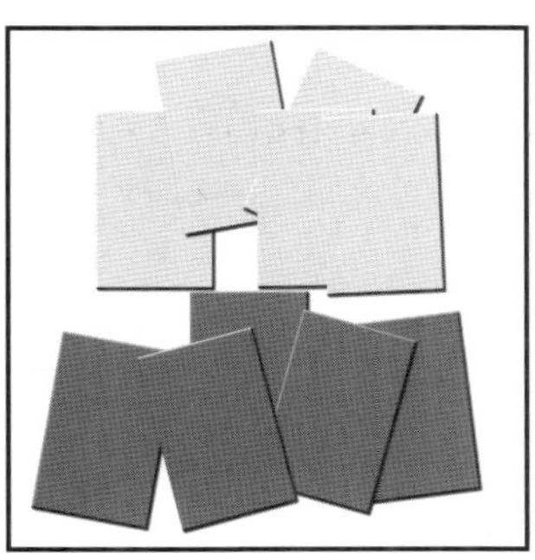

1. Schneide das (Ton-)Papier in gleich große rechteckige Stücke.

2. Klebe die hellblauen und die dunkelblauen Stücke abwechselnd auf einen weißen Papierbogen.

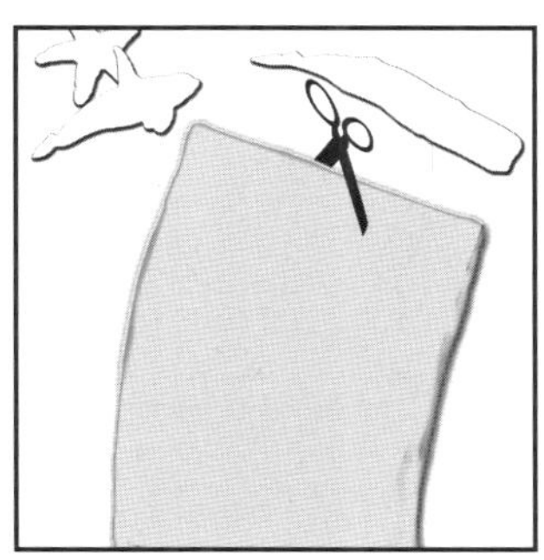

3. Schneide aus dem weißen Papier Formen (Wale, Wassertiere, Pflanzen) aus. Du kannst hierfür auch die Schablonen nutzen.

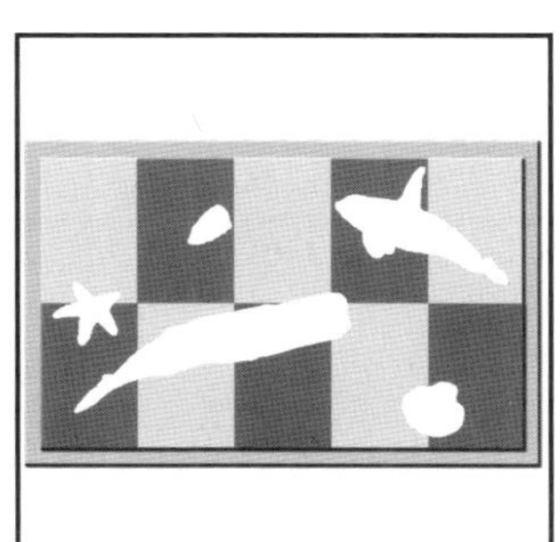

4. Verteile die ausgeschnittenen Formen auf dem blauen Hintergrund und klebe sie auf.

BVK LP09 • Julia Bracke / Birgit Giesen: Literaturprojekt „Sams Wal“

Name: ______________________________ Datum: ______________

Anhang: Kunstangebot 1

Wal-Schablonen

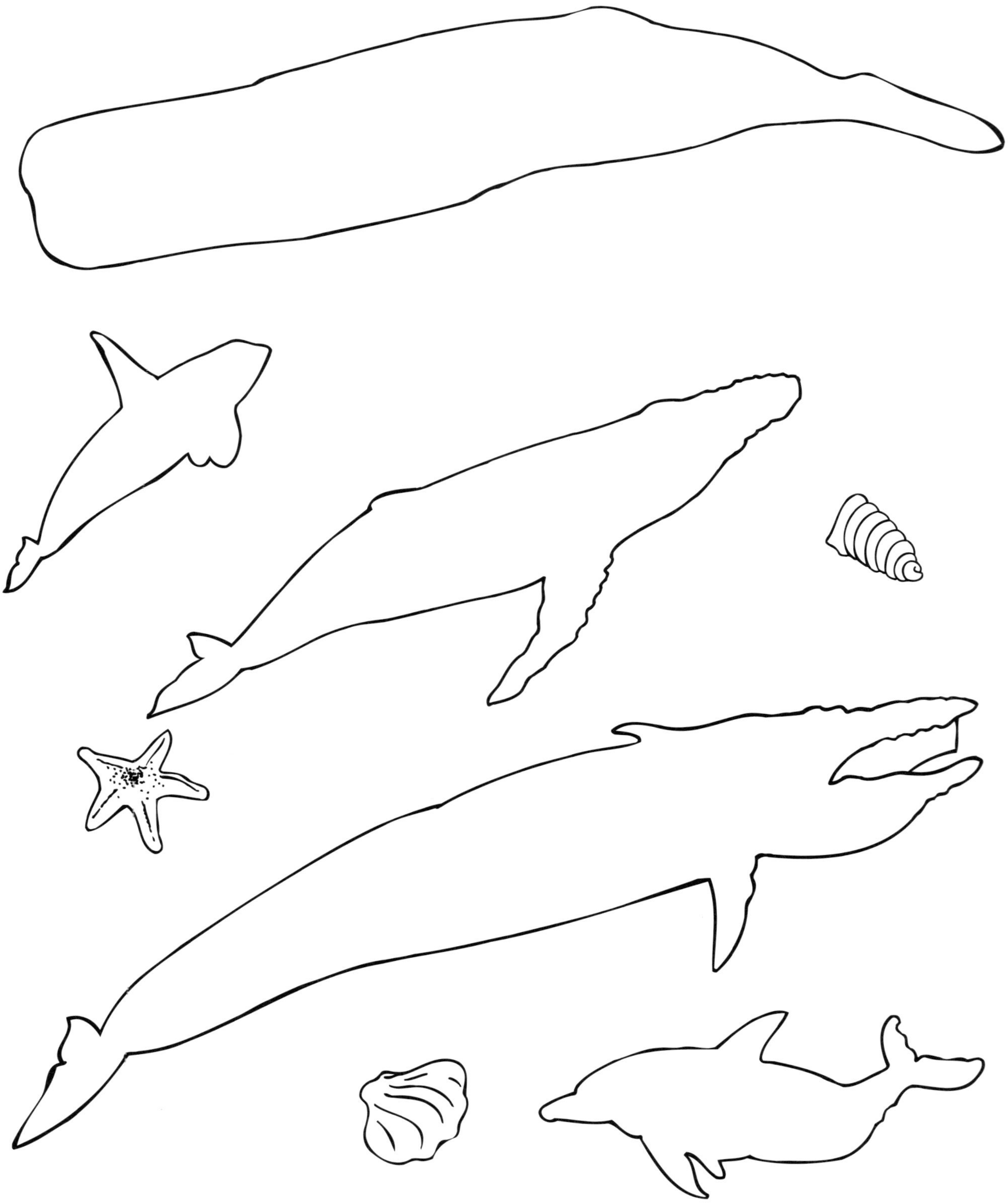

BVK LP09 • Julia Bracke / Birgit Giesen: Literaturprojekt „Sams Wal"

Name: ______________________ Datum: ____________

Anhang: Kunstangebot 2 (1)

„Unterwasserwelt" – Gestalten von Unterwasserbildern mit verschiedenen Techniken

Du brauchst:

- mehrere Bogen weißes Papier
- 1 Bogen Aquarellpapier
- Wasserfarbkasten
- alte Zahnbürste und Sieb
- Wal-Schablonen
- Schere und Kleber
- Salz
- Zeitungen
- Wasserbecher
- Spülmittel
- Schwamm
- Bunt- oder Wachsmalstift
- evtl. Untergründe für die Frottage

Hintergrund:

1. Lege deinen Tisch mit Zeitungen aus.
2. Trage auf das Aquarellpapier Wasserfarben in verschiedenen Blau- und Grüntönen auf. Benutze hierfür **wenig Farbe** und **viel Wasser.**
3. Streue etwas Salz auf die frisch aufgetragene Wasserfarbe. Das Salz löst sich auf und verteilt die Farbe.
4. Lasse das Bild trocknen. Das restliche Salz kann später abgeschüttelt werden.

Name: ______________________________ Datum: ____________

Anhang: Kunstangebot 2 (2)

Fertigstellung des Unterwasserbildes:

1. Probiere auf einem neuen Blatt Papier verschiedene Techniken aus (siehe unten).
2. Wenn die Farben getrocknet sind, kannst du mit Hilfe der Wal-Schablonen verschiedene Wale ausschneiden.
3. Verteile die ausgeschnittenen Wale auf dem Hintergrund (Salzblatt) und klebe sie auf. Fertig ist dein Unterwasserbild.

Salztechnik:

siehe Gestaltung des Hintergrundes

Siebdruck:

1. Tauche die Zahnbürste in das Wasser.
2. Reibe sie dann durch eine Farbe.
3. Halte das Sieb über ein Blatt Papier.
4. Reibe nun die Zahnbürste über das Sieb.
5. Mache das Gleiche mit anderen Farben.

Wasserfarbe und Spülmittel:

1. Mische eine Farbe im Deckel des Farbkastens mit etwas Spülmittel.
2. Trage die Farbe auf das Papier auf. Solange die Farbe nass ist, kannst du mit der Mischung noch Muster malen.
3. Trage nun einen anderen Farbton mit Spülmittel gemischt auf. Beachte hierbei die naturgetreuen Farben des Wales.

Wasserfarben abtupfen:

1. Tauche ein Schwämmchen in eine Farbe.
2. Tupfe nun die Farbe auf das Papier auf.
3. Mache das Gleiche mit anderen Farben.

Frottage:

1. Lege ein weißes Blatt Papier auf verschiedene Untergründe und reibe mit einem Bunt- oder Wachsmalstift darüber. Geeignete Untergründe sind beispielsweise: Baumrinde, Blätter von Bäumen, Reiben, Hölzer, Maschendraht, verschiedene Fußböden ...
2. Mache das Gleiche mit anderen Farben.

BVK LP09 • Julia Bracke / Birgit Giesen: Literaturprojekt „Sams Wal"

Werkstattplan: Wale

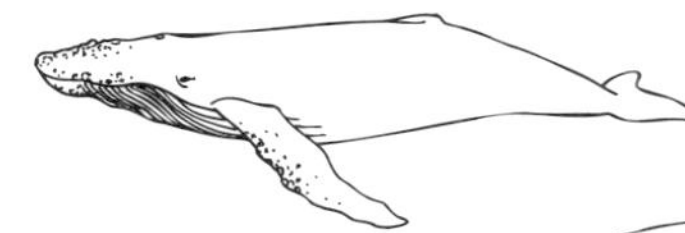

von ___

Nr.	Werkstatt-Angebot	bearbeitet am	Unterschrift
1	Ist der Wal ein Fisch?		
2	Wale-Lexikon		
3	Die Urahnen der Wale		
4	Körperteile des Wales		
5	Zahnwale		
6	Bartenwale		
7	Wale-Leporello		
8	Der Riese Blauwal		
9	Der friedliche Orca		
10	Feinde des Wales		
11	Walfang		
12	Warum Wale stranden		
13	Abschied mit Tränen		
14	Wale, Tiere der Rekorde		
15	Ein Walbaby wird geboren		
16	Wo Wale leben		
17	Wale-Memo-Spiel		
18	Wale-Quiz		
19	Wale-Fensterbild		

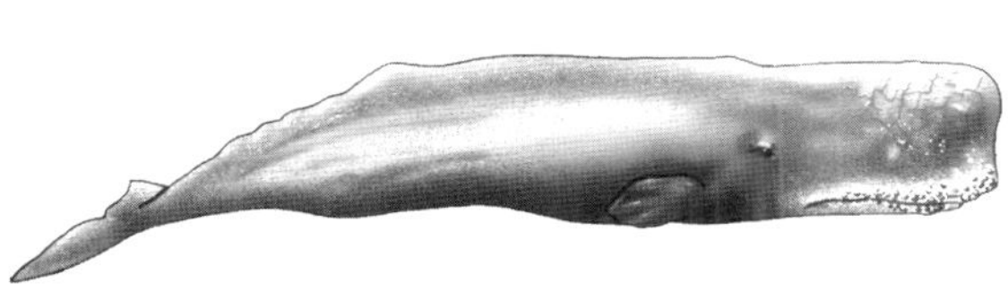

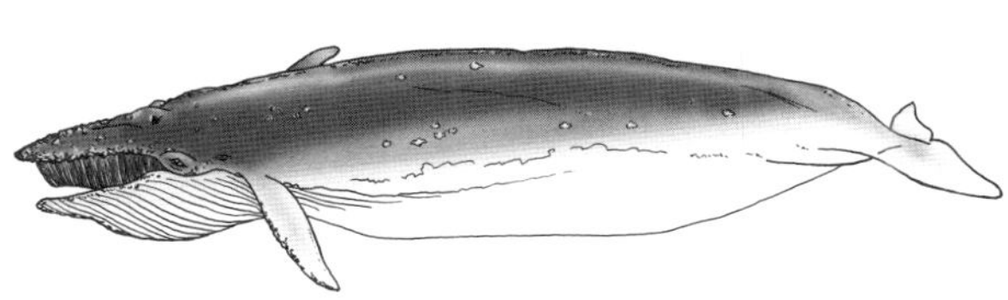

BVK LP09 • Julia Bracke/Birgit Giesen: Literaturprojekt „Sams Wal“

RÜCKMELDUNG

Liebe/r ______________________ ,
so hast du in der Werkstatt gearbeitet:

Du hast die Werkstattregeln beachtet.			
Du hast deine Chefaufgabe ausgeführt.			
Du hast konzentriert gearbeitet.			
Du hast selbstständig die Arbeitsaufträge erfasst.			
Du hast deine Mappe in Ordnung gehalten.			
Du hast dich im Gesprächskreis beteiligt.			

Kommentar:

✂ ....

Auftragskarte zu Werkbereich

BVK LP09 • Julia Bracke / Birgit Giesen: Literaturprojekt „Sams Wal“

Mein Walebuch:

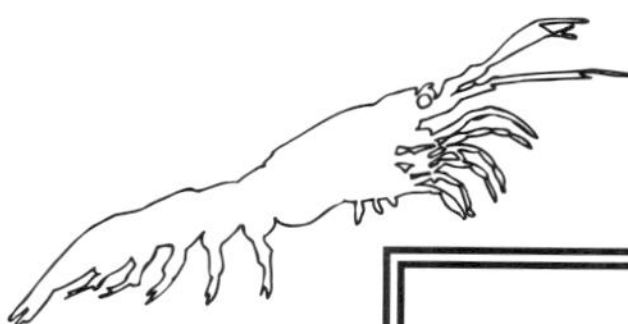

Name: ______________________

Klasse: ______________________

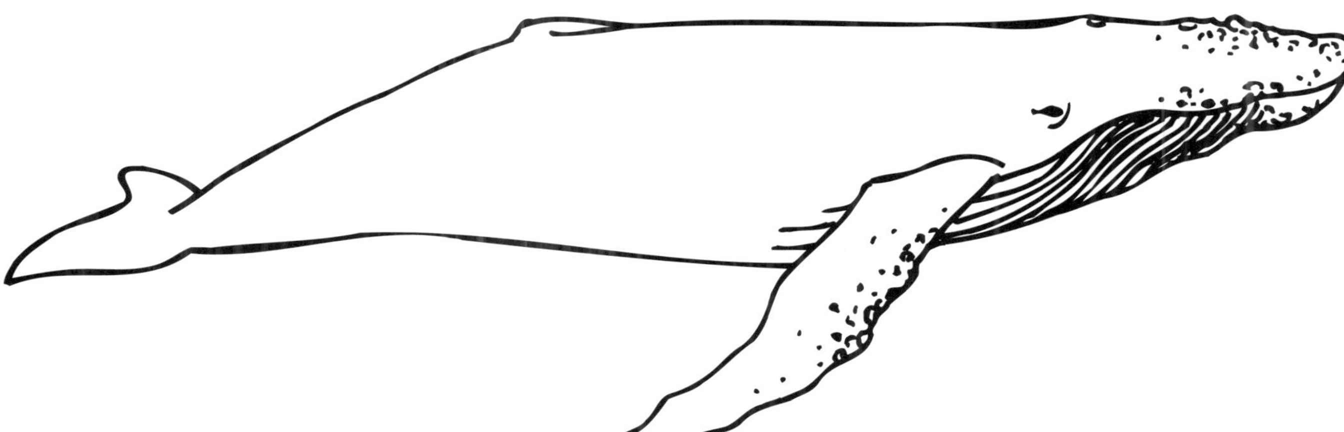

LP09 • Julia Bracke / Birgit Giesen: Literaturprojekt „Sams Wal“

Name: ______________________ Datum: ____________

Ist der Wal ein Fisch?

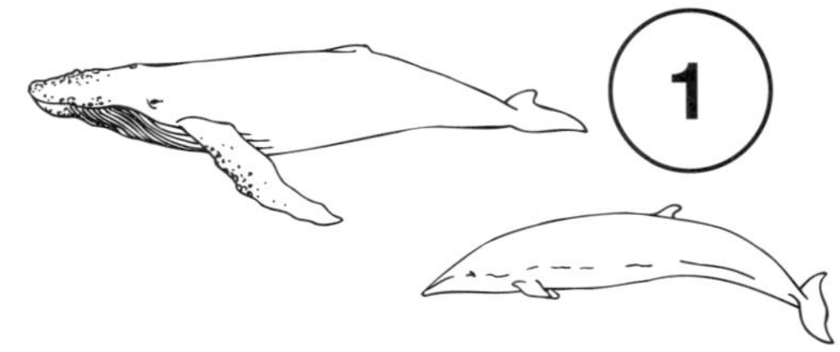

1

Der Wal ist kein Fisch, sondern ein Säugetier. Daher gibt es auch keinen Walfisch.

- Verbinde die Texte mit dem richtigen Körperteil des Wales oder des Fisches (Hai).

Fische sind wechselwarm. Ihr Körper ist immer so warm wie das Wasser. Einige Fische legen Eier.

Ein Wal hat Lungen und atmet Luft durch sein Blasloch ein. Deshalb muss er regelmäßig an die Wasseroberfläche.

Beim Wal steht die Schwanzflosse (Fluke) waagerecht.

Wale haben keine Flosse am Bauch.

Bei allen Fischen steht die Schwanzflosse senkrecht.

Viele Fische haben am Bauch auch mehrere Flossen.

Ein Fisch filtert mit seinen Kiemen den Sauerstoff direkt aus dem Wasser.

Wale sind Säugetiere. In ihrem Bauch wächst ein Walkalb. Nach der Geburt trinkt es Milch. Ihr Körper ist immer 37 Grad warm.

Name: ______________________ Datum: ____________

Wale-Lexikon

Bastle dir ein Wale-Lexikon.

Mein Lexikon
über Wale

Name: ____________

Klasse: ____________

Barten = Vielzahl von Hornplatten, die vom Oberkiefer anstelle von Zähnen herabhängen

Basilosaurus = 20 Meter langer, schlangenartiger Vorfahre der Wale (vor ca. 40 Millionen Jahren)

Blas = verbrauchte Atemluft, die durch das Blasloch ausgestoßen wird

Blasloch = Nasenöffnung des Wals

Blubber = Fettschicht, die die Wale warmhält

Delfinarium = eine Art Meereszoo/Meereszirkus, in dem Delfine Kunststücke vorführen

Echolotpeilung = Wale und vor allem Delfine können über den Schall Gegenstände orten

Finne = Rückenflosse des Wales

Flipper = beide Brustflossen des Wales

Fluke = Schwanzflosse des Wales

Harpune = Wurfspeer mit befestigter Leine für den Walfang

Krill = (norwegisch: kleiner Fisch) daumengroße Krebstiere, die als Nahrung von Bartenwalen und anderen Meerestieren/ Meeressäugern dienen

Melone = wichtiges Organ in der Stirn, dient der Echo-Orientierung

Pilotwal = Leittier der Grindwale

Plankton = pflanzliche und tierische Kleinlebewesen im Meer

Schulen = eine große Gruppe (Herde) von Walen, die gemeinsam durch die Meere ziehen

Tran = öliges Fett, das als Rohstoff für Industrie und Medizin genutzt wird

Walbulle = ein männlicher Wal

Walfisch = gibt es nicht, da der Wal kein Fisch, sondern ein Säugetier ist

Walkalb = ein neugeborenes Walkind

Walkuh = ein weiblicher Wal

Name: ______________________ Datum: ____________

Wale-Kartei (1)

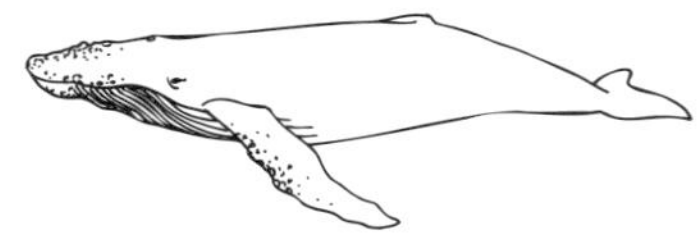

2

Name: Beluga (Weißwal)
Länge: 4–5 m
Gewicht: 1 000–1 500 kg
Art: Zahnwal

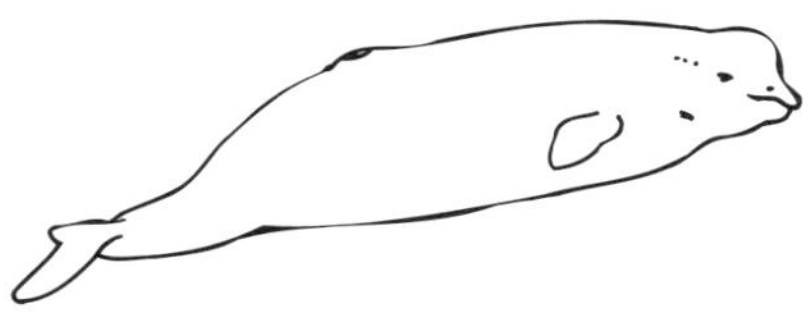

Name: Blauwal
Länge: 25–30 m
Gewicht: bis zu 190 000 kg
Art: Bartenwal

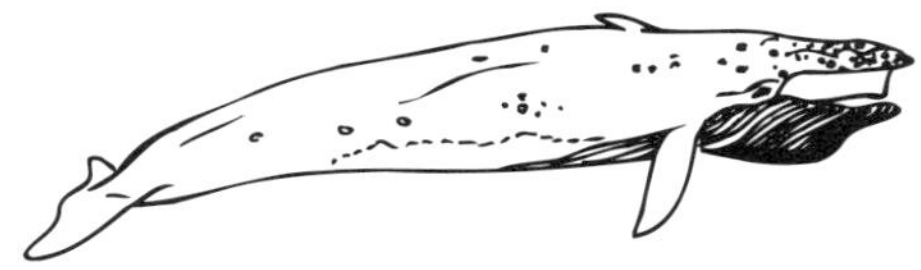

Name: Buckelwal
Länge: bis zu 15 m
Gewicht: bis zu 30 000 kg
Art: Bartenwal

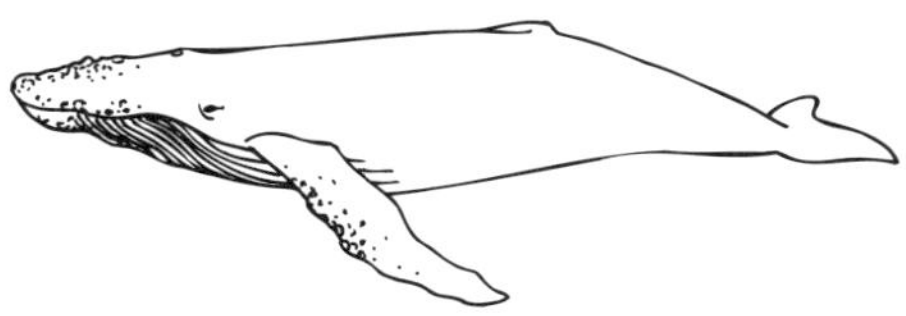

Name: Delfin
Länge: bis zu 2,60 m
Gewicht: bis zu 135 kg
Art: Zahnwal

Name: Finnwal
Länge: 20–25 m
Gewicht: bis zu 80 000 kg
Art: Bartenwal

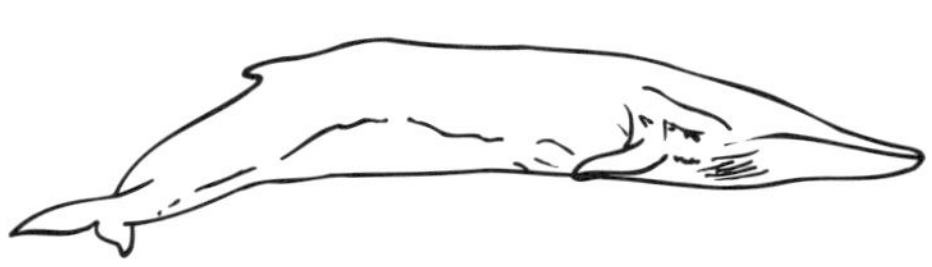

Name: Grauwal
Länge: 12–15 m
Gewicht: bis zu 35 000 kg
Art: Bartenwal

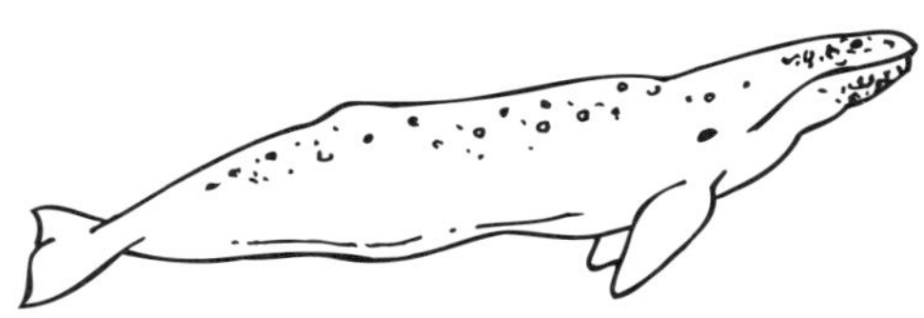

Name: Grindwal
Länge: 5–6 m
Gewicht: 1 500–2 000 kg
Art: Zahnwal

Name: Grönlandwal
Länge: 15–20 m
Gewicht: bis zu 80 000 kg
Art: Bartenwal

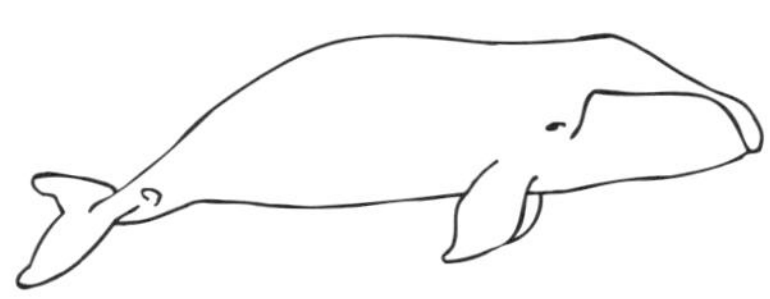

BVK LP09 • Julia Bracke/Birgit Giesen: Literaturprojekt „Sams Wal“

Name: ____________________ Datum: ____________

Wale-Kartei (2)

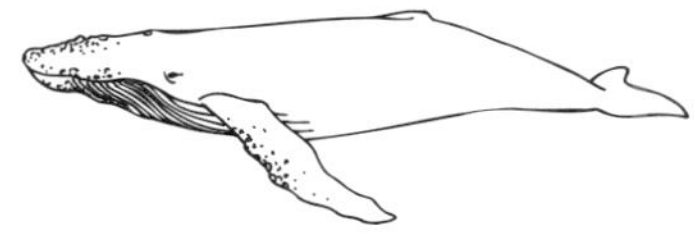

2

Name: Narwal
Länge: 4–5 m
Gewicht: 1 000–2 000 kg
Art: Zahnwal

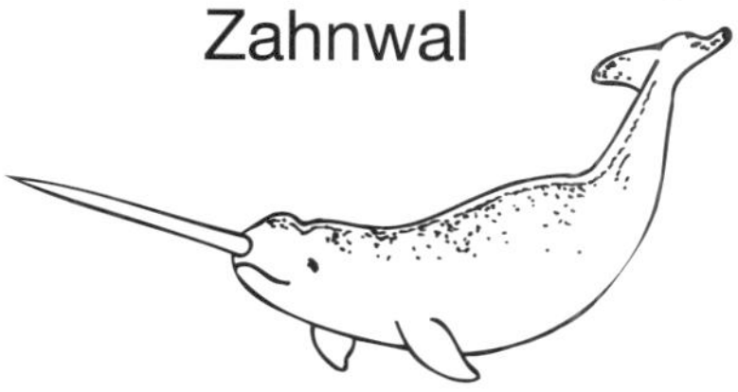

Name: Nordkaper
Länge: 14–17 m
Gewicht: bis zu 96 000 kg
Art: Bartenwal

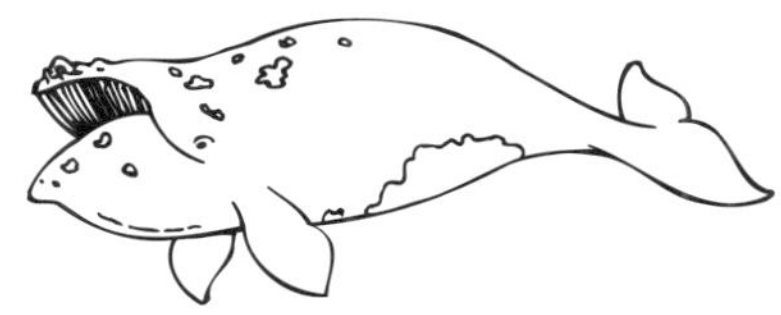

Name: Pottwal
Länge: 13–20 m
Gewicht: 25 000–55 000 kg
Art: Zahnwal

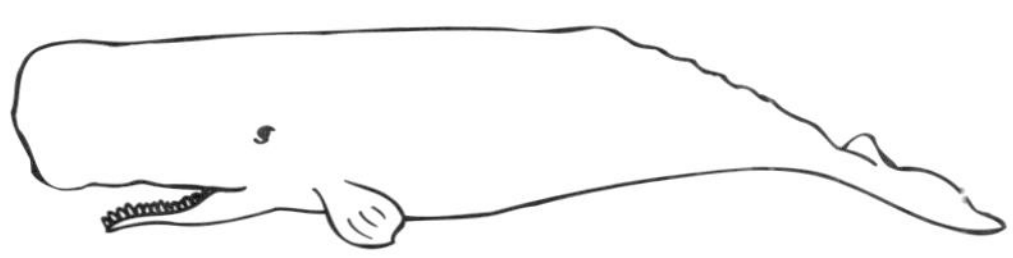

Name: Schweinswal
Länge: bis zu 1,50 m
Gewicht: bis zu 50 kg
Art: Zahnwal

Name: Schwertwal (Orca)
Länge: 5–10 m
Gewicht: bis zu 9 000 kg
Art: Zahnwal

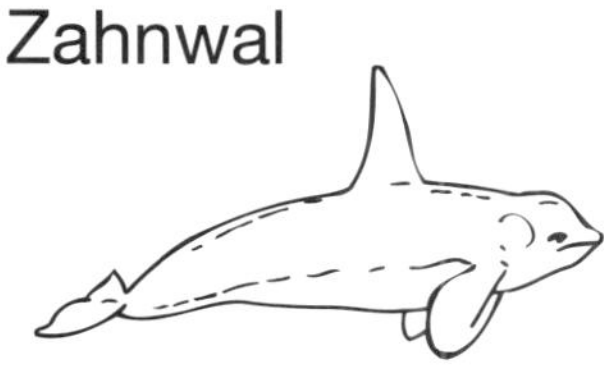

Name: Seiwal
Länge: 12–18 m
Gewicht: bis zu 25 000 kg
Art: Bartenwal

Name: Zweizahnwal
Länge: bis zu 7 m
Gewicht: bis zu 2 700 kg
Art: Zahnwal

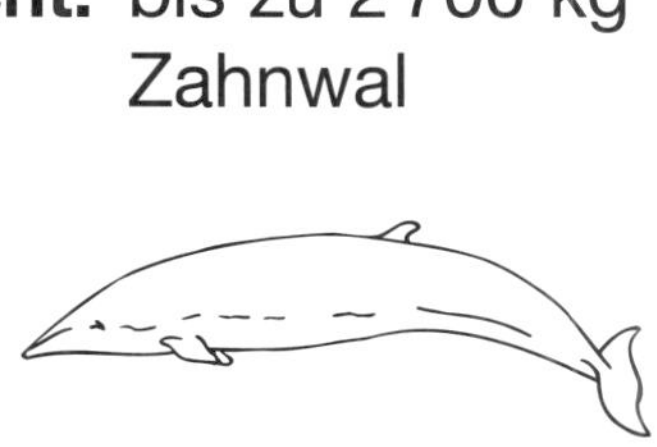

Name: Zwergwal
Länge: 8–10 m
Gewicht: bis zu 13 000 kg
Art: Bartenwal

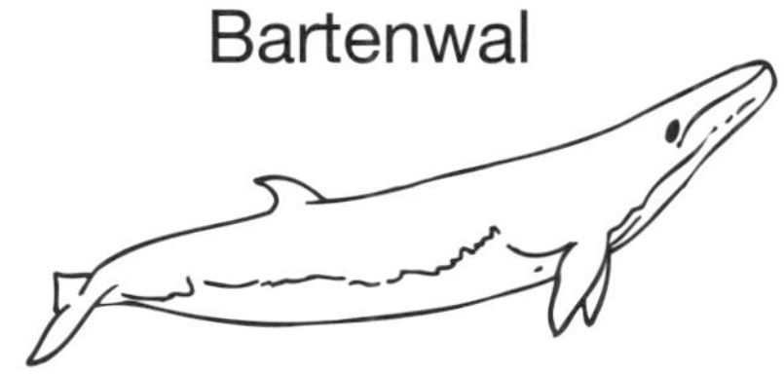

BVK LP09 • Julia Bracke/Birgit Giesen: Literaturprojekt „Sams Wal"

Name: ______________________ Datum: __________

Die Urahnen der Wale

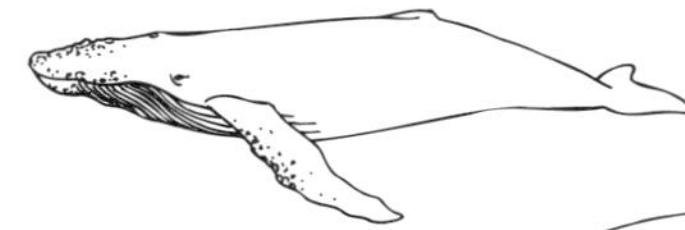

3

- Lies die Texte in den Kästen.
- Schneide die Bilder und Texte aus, ordne sie einander richtig zu und klebe sie auf ein Blatt nebeneinander.

Nachdem die Dinosaurier ausgestorben waren, bevölkerten die ersten Säugetiere die Erde. Die Vorfahren der Wale hatten vier Beine, Fell, ein Gebiss und liefen auf dem Land herum. Es waren Huftiere.

Während einer langen Zeit veränderte sich die Körperform immer mehr. Die Beine und das Fell wurden kürzer. Die Walvorfahren hielten sich am und auch im flachen Wasser auf. Mit Hilfe ihres Gebisses fraßen sie Fische und Muscheln.

Die Urwale hielten sich schließlich nur noch im Meer auf. Die Vorderbeine verwandelten sich zu paddelartigen Brustflossen. Das Fell verschwand und es bildete sich eine dicke Fettschicht, die vor Kälte schützte. Die Hinterbeine verkümmerten. Es entwickelte sich eine Schwanzflosse.

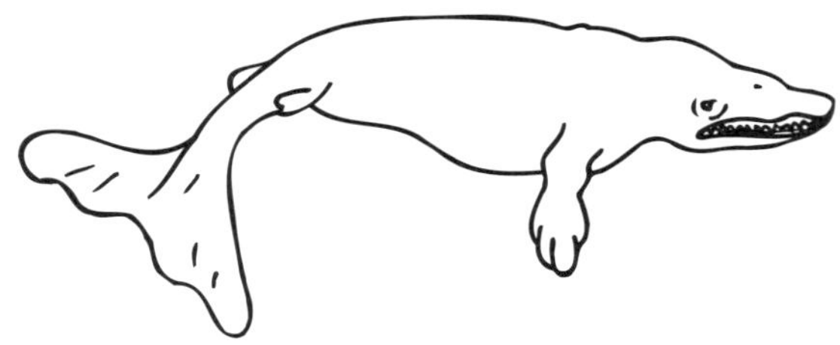

Wenn ein Walbaby im Körper seiner Mutter wächst, kann man noch die Ansätze von den Hinterbeinen erkennen. Erst kurz vor der Geburt bilden sich die Beine zurück. Ein schöner Beweis.

Nur weil das Wasser ihr Gewicht trägt, konnten sich die Wale im Laufe der Zeit zu den größten Tieren der Erde entwickeln.

Name: ______________________ Datum: __________

Die Körperteile des Wales

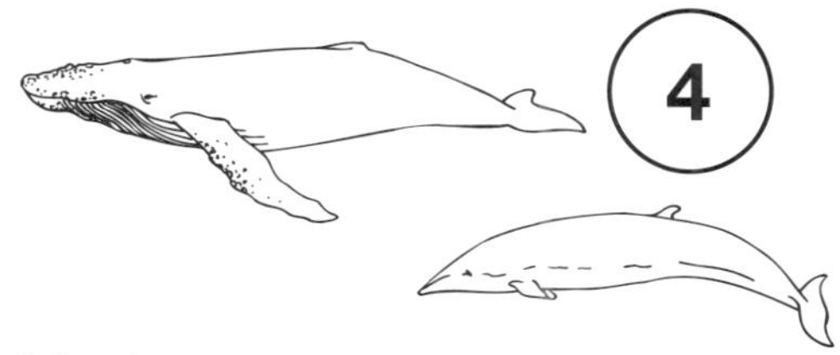

4

Man unterscheidet zwei Gruppen von Walen: die Zahnwale und die Bartenwale. Man kann sie an ihrem unterschiedlichen Maul erkennen. Hier siehst du sie beide abgebildet.

• Trage die Körperteile auf die entsprechenden Linien ein.

Bartenwal:

Flipper (Brustflosse), Finne (Rückenflosse), Unterkiefer, Fluke (Schwanzflosse), Barten, Auge, Ohr, Blaslöcher

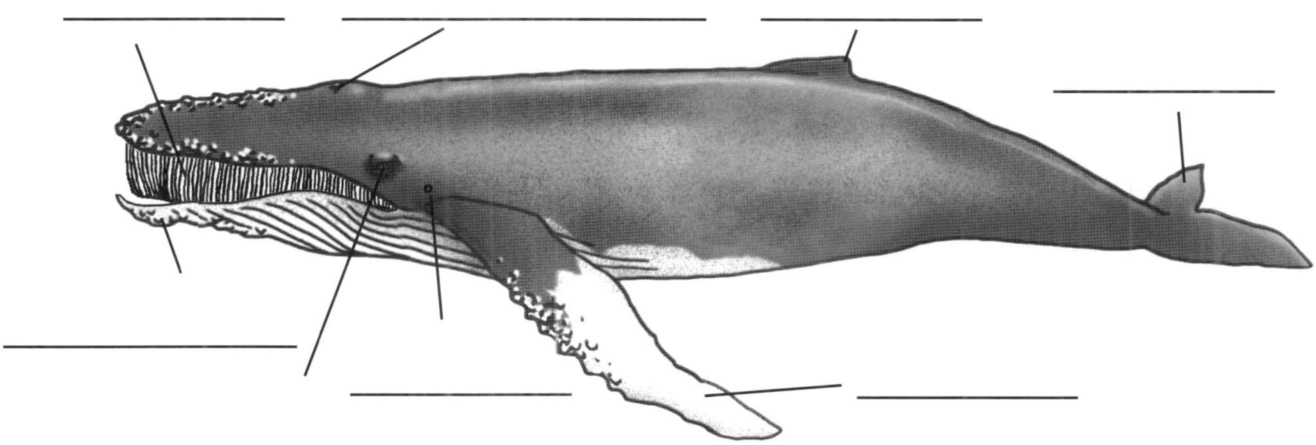

Zahnwal:

Flipper (Brustflosse), Finne (Rückenflosse), Fluke (Schwanzflosse), Zähne, Schnabel, Auge, Ohr, Blasloch

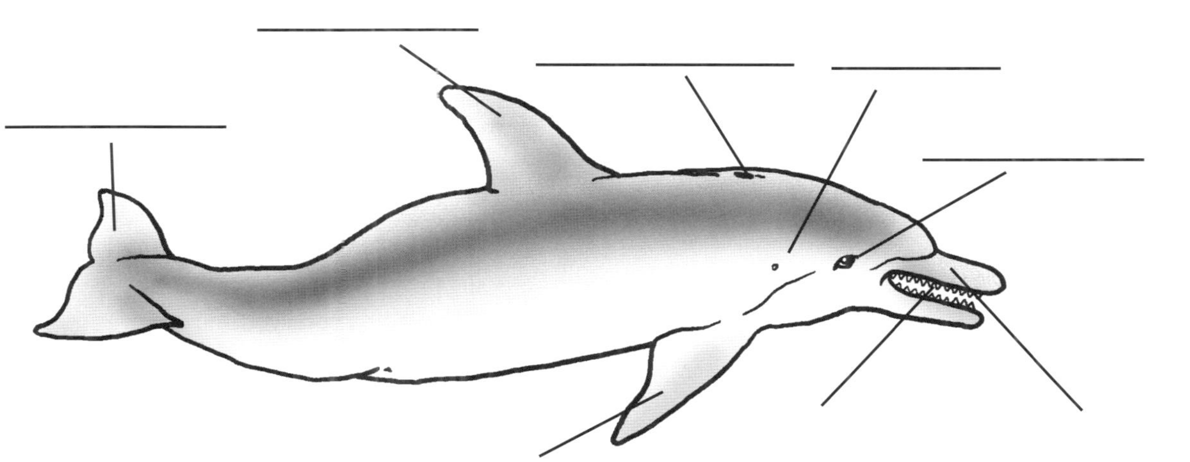

Name: ______________________________ Datum: ______________

Zahnwale

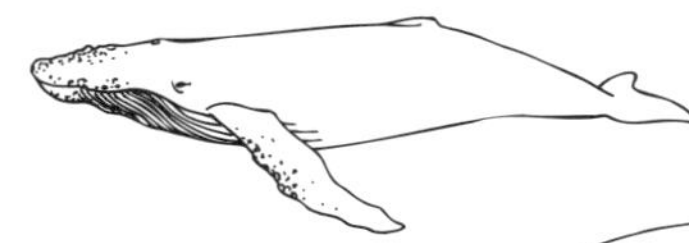

5

- Lies den Text über Zahnwale.
- Im Suchsel sind zehn (waagerecht und senkrecht) Zahnwale versteckt.
- Markiere sie bunt und schreibe sie auf die Linien.

Lesetext:
Zahnwale besitzen Zähne, obwohl sie gar nicht kauen. Sie nutzen ihre Zähne, um die Beute festzuhalten und in schluckbare Stücke zu zerreißen. Es gibt etwa 70 Arten von Zahnwalen. Diese Wale unterscheiden sich in ihrer Größe und in der Anzahl der Zähne. Der Zweizahnwal hat nur zwei Zähne im Maul, während der Pottwal über 200 Zähne verfügt. Zahnwale sind Raubtiere, jedoch für den Menschen ungefährlich. Sie fressen verschiedene Wasserbewohner: Fische, Krebs- und Weichtiere, Tintenfische, Robben, Pinguine. Der Pottwal greift auch Riesenkraken an, die bis zu 17 Meter lang werden können. Das kräftigste Gebiss haben die Orcas (= Schwertwale), die damit sogar Seelöwen packen können. Auch Delfine gehören zu den Zahnwalen. An den Zähnen kann man übrigens auch das Alter dieser Säugetiere ablesen. Im Gegensatz zu Bartenwalen haben Zahnwale nur ein Blasloch.

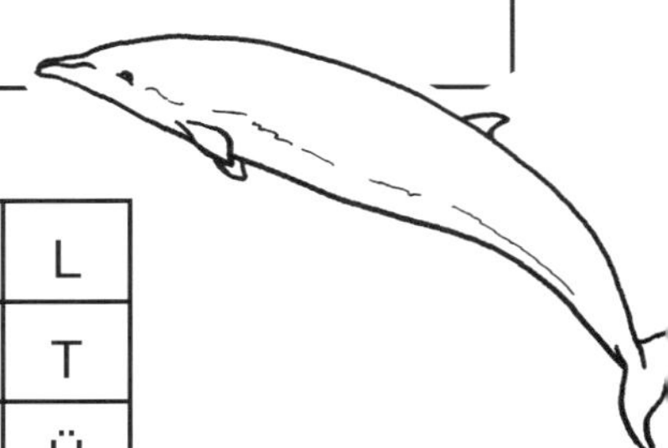

S	C	H	W	E	I	N	S	W	A	L
W	K	D	E	L	F	I	N	E	K	T
E	N	T	E	N	W	A	L	X	M	Ü
I	K	S	N	D	D	Y	P	G	L	M
ß	R	L	A	X	B	I	V	K	K	M
W	U	G	R	I	N	D	W	A	L	L
A	Q	W	W	Z	ß	K	B	X	K	E
L	L	N	A	V	R	M	Z	K	Y	R
M	S	K	L	P	O	T	T	W	A	L
S	C	H	N	A	B	E	L	W	A	L
S	C	H	W	E	R	T	W	A	L	K

____

____

____

BVK LP09 • Julia Bracke/Birgit Giesen: Literaturprojekt „Sams Wal"

Name: ______________________ Datum: ____________

Bartenwale

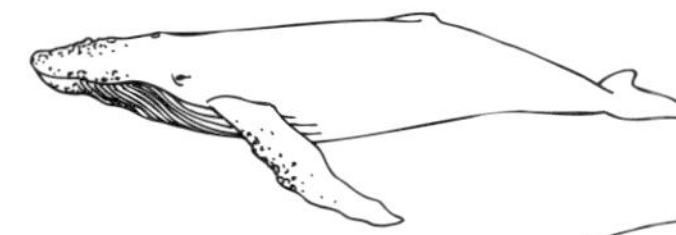

6

- Lies den Text über Bartenwale.
- Beschreibe die Bilder der Nahrungsaufnahme.
- Schreibe die richtigen Namen der Wale (Purzelwörter) auf.

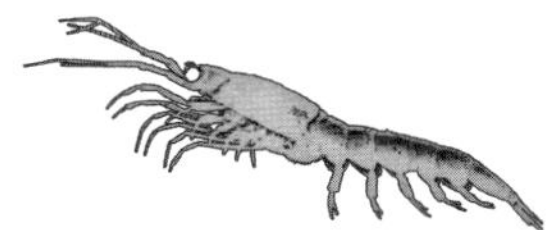

Krill

Lesetext:

Die Bartenwale sind die größten Waltiere. Es gibt elf verschiedene Arten. Im Gegensatz zu Zahnwalen besitzen sie zwei Blaslöcher. Bartenwale haben anstelle von Zähnen hunderte von beweglichen Hornplatten, die wie ein Vorhang vom Oberkiefer herunterhängen. Diese können bis zu vier Meter lang werden. Barten sind wie unsere Fingernägel aus Horn. Du kannst sie dir wie Borsten an einem Handfeger vorstellen. Früher wurden nämlich aus Barten Haushaltsbürsten gefertigt. Bartenwale fressen nur kleine Fische und krebsähnliche Lebewesen, die Krill genannt werden.

❶ Wenn der Wal fressen will, schwimmt er mit weit geöffnetem Maul und nimmt krillhaltiges Seewasser auf.

❷ Dann schließt er das Maul und drückt das Wasser mit der Zunge hinaus. Dabei bleiben die Krebstiere an den Barten hängen.

❸ Nun kratzt der Wal mit seiner Zunge die Beute von den Barten und verschluckt sie.

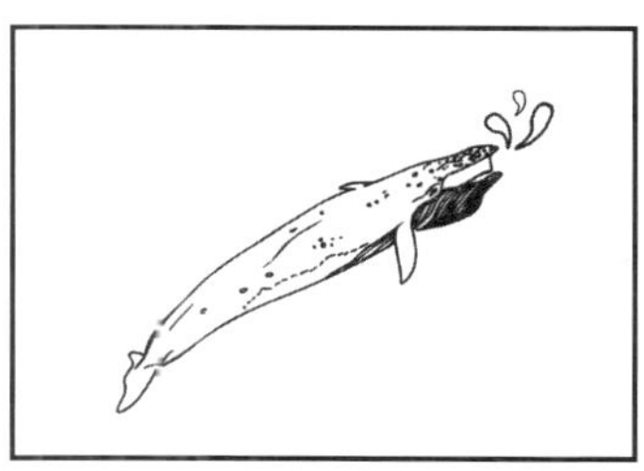

orNderkap

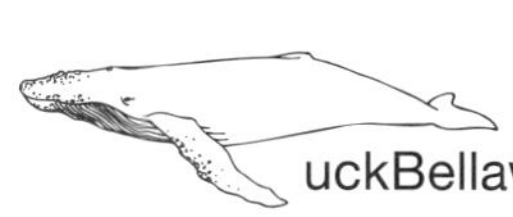

uckBellaw

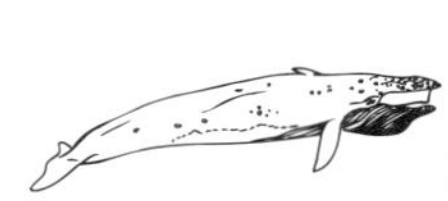

lawaulB

alwFnni

lnadGrnölaw

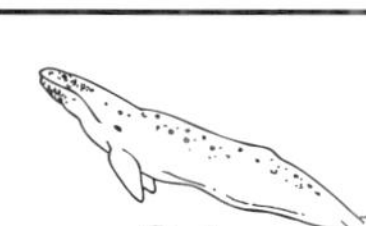

ruaGalw

BVK LP09 • Julia Bracke/Birgit Giesen: Literaturprojekt „Sams Wal“

Name: ______________________ Datum: __________

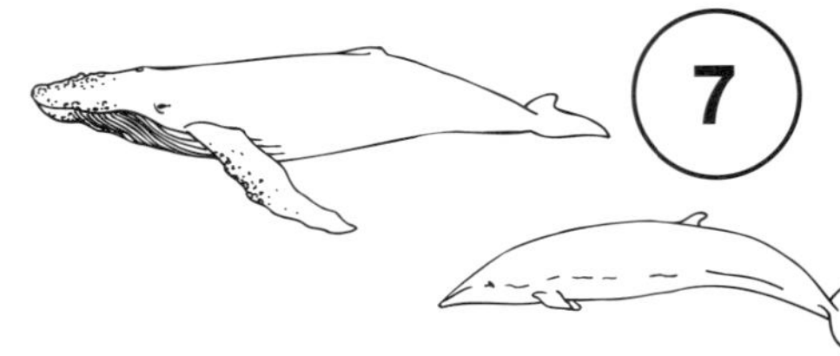

Bastle dir ein Wale-Leporello!

7

- Schneide die Streifen aus.
- Klebe die Streifen an den Laschen aneinander.
- Falte die Streifen nun wie eine Ziehharmonika, sodass du ein Leporello erhältst.
- Trage die Daten der Wale ein (schaue in Büchern oder in der Wale-Kartei nach).

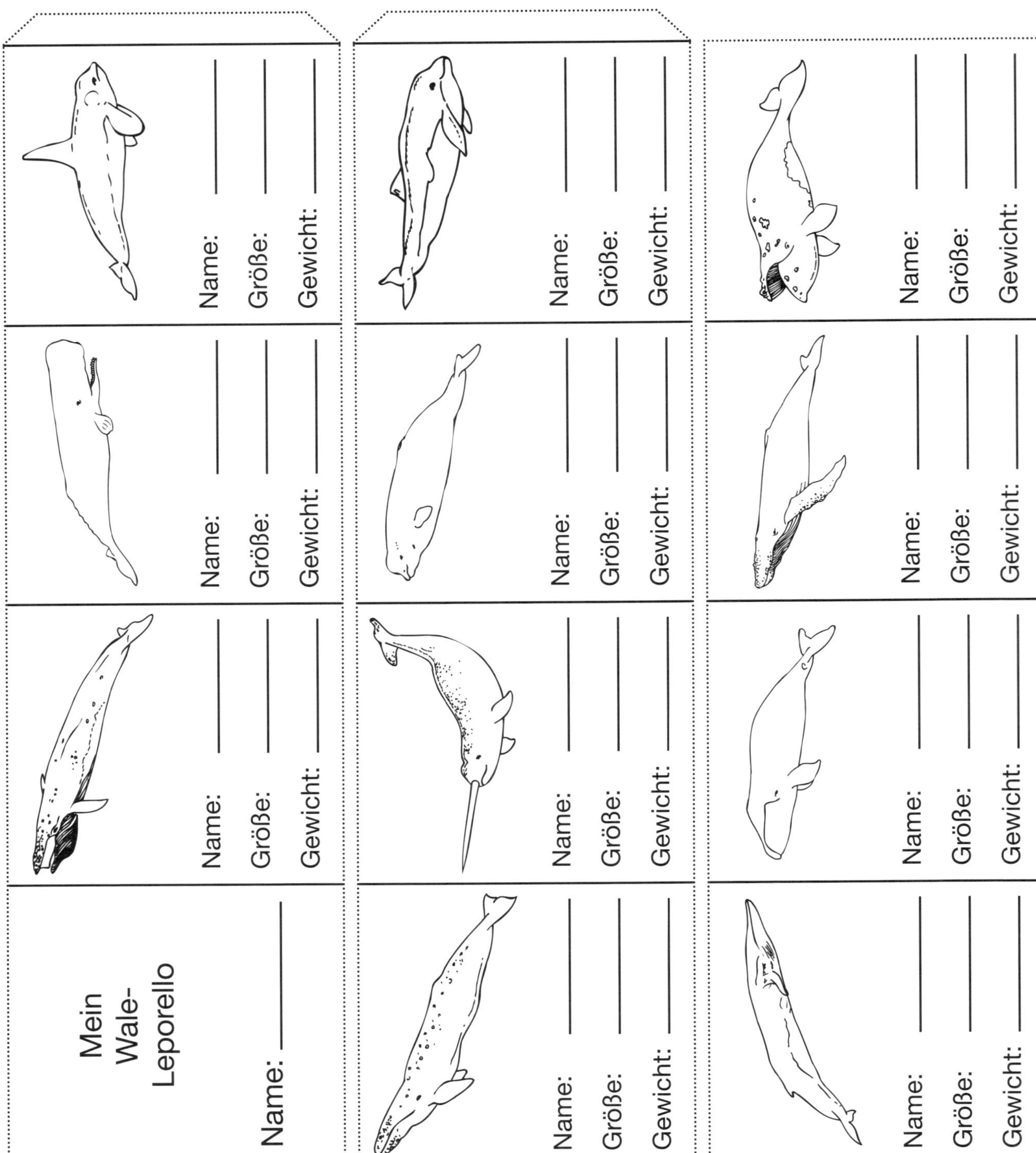

BVK LP09 • Julia Bracke/Birgit Giesen: Literaturprojekt „Sams Wal“

Name: ______________________________ Datum: ____________

Der Riese Blauwal

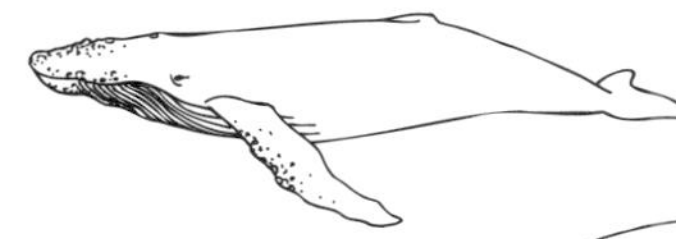

8

- Lies dir den Text konzentriert durch.
- Fülle anschließend den Lückentext aus.

Lesetext:

Er ist nicht nur der größte Wal, sondern auch eins der größten Tiere, die jemals auf der Erde gelebt haben. Ein ausgewachsenes Blauwal-Männchen kann bis zu 35 m lang werden und bis zu 130 Tonnen wiegen (= 130 000 kg). Dies entspricht einer Menge von 30 ausgewachsenen Elefanten oder 2 000 Menschen. Der Blauwal ist ein Bartenwal und ernährt sich von Krill (winzige Krebstierchen). Pro Tag braucht er davon 4 Millionen Tierchen, das entspricht 4 Tonnen. Stößt der Blauwal Luft aus seinen Lungen aus, kann der Blas (Wasserfontäne) bis zu 10 Meter hoch spritzen, das entspricht einem dreistöckigen Haus.

Bis zu 37 Stundenkilometer schnell kann ein Blauwal schwimmen. Sein Herz hat die Größe eines Automotors. Der Durchmesser der Hauptschlagader ist so groß, dass ein Mensch hindurchkriechen könnte. Der größte Rückenwirbel wiegt 200 kg. Ein Blauwal kann bis zu 80 Jahre alt werden.

Bei der Geburt ist ein Blauwal etwa 7 Meter lang und wiegt 2 500 kg. Das sogenannte Walkalb trinkt nach der Geburt täglich etwa 200 Liter Milch. Dadurch wird es pro Tag etwa 100 kg schwerer. Nach 7 Monaten ist es um etwa 9 Meter gewachsen.

Lückentext:

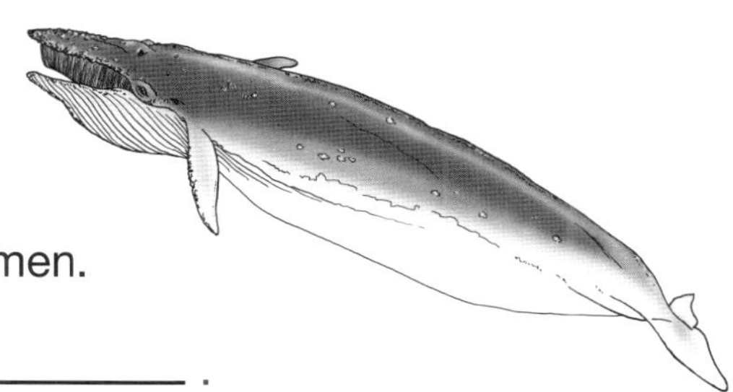

Ein Blauwal wird etwa ________ Jahre alt.

Er kann bis zu ________ Stundenkilometer schnell schwimmen.

Sein Blas ist so hoch wie ein ______________________________ .

Am Tag frisst er ________ Tonnen Krill, das sind etwa ____________________ Tierchen.

Sein Herz hat die Größe eines ______________________________ .

Durch seine Hauptschlagader könnte ein ____________________ kriechen.

Ein Blauwal wiegt bei seiner Geburt ______________ kg und ist ________ m lang.

Er trinkt am Tag etwa ________ Liter Muttermilch.

Tipp: Geht auf dem Schulhof 30 Meter (große Schritte) ab. Markiert mit Kreide den Anfang und das Ende. Verteilt eure Klasse über diesen Abstand. Jetzt könnt ihr die wahre Länge eines Blauwals bestaunen.

BVK LP09 • Julia Bracke / Birgit Giesen: Literaturprojekt „Sams Wal"

Name: ______________________ Datum: ____________

Der friedliche Orca

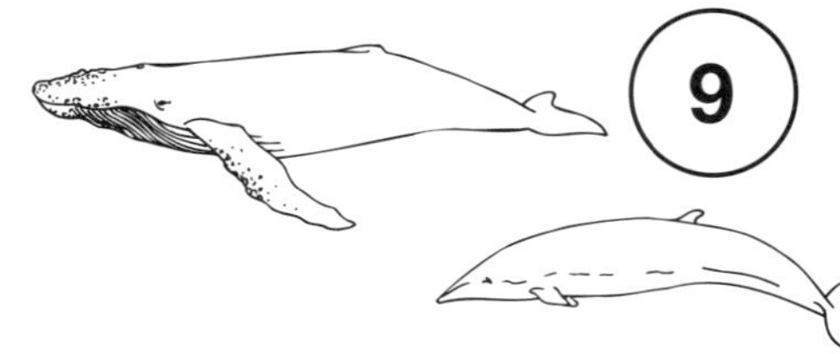

9

- Lies den Text.
- Male unten alle Begriffe (Wale) an, die auf den Orca zutreffen.

Lesetext:
Der Orca (Schwertwal) wurde jahrhundertelang als der größte Schrecken des Meeres bezeichnet. Allgemein gab man ihm den Namen „Killerwal“ oder „Mörderwal“, Seeleute nannten ihn auch den „Waltöter“. Der Orca gehört zu der Gruppe der Zahnwale. Er ernährt sich hauptsächlich von Fischen. Aufgrund seines starken Gebisses kann er auch Seelöwen, Tintenfische, Pinguine, Seevögel, Haie und Schildkröten fressen. Teilweise erbeuten Schwertwale auf dem Eis liegende Tiere, indem sie über das Eis gleiten und ihre Beute mitreißen. Orcas trauen sich sogar, große Wale anzugreifen, denn sie sind unglaublich stark und schnell. Bis zu 56 Stundenkilometer schnell können sie schwimmen. Ihr Körper kann bis zu zehn Meter lang werden und zehn Tonnen schwer. Die Orcas sind in allen Weltmeeren zu Hause. Dort leben sie friedlich in Gruppen zu zehn Walen. Das älteste Weibchen führt die Gruppe an. Untereinander sind die Orcas friedliebende Lebewesen. Sie teilen sich ihre Beute und können sich untereinander mit Pfeiftönen verständigen.
Sein größter Feind ist der Mensch. Er hat den Orca grausam verfolgt, gejagt, umgebracht oder in Delfinarien – wie ein Zirkustier – gesteckt. Es gibt keine Beweise dafür, dass jemals ein Mensch von einem freilebenden Orca angegriffen oder getötet wurde.

BVK LP09 • Julia Bracke/Birgit Giesen: Literaturprojekt „Sams Wal“

Name: ______________________________ Datum: ______________

Feinde des Wales

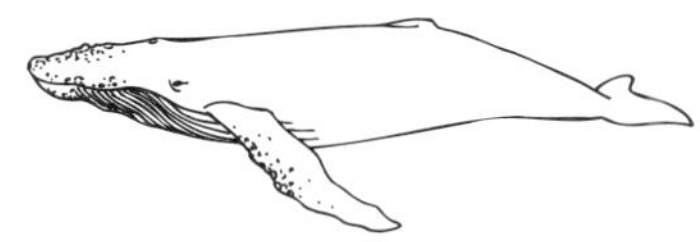

10

Lesetext:
Der Hauptfeind des Wales ist der Mensch, denn im Meer selbst lauern kaum Gefahren für die Wale. Vor vielen Jahren gingen die Walfänger mit ausgerüsteten Booten und Harpunen auf die Jagd. Danach wurden Harpunenkanonen entwickelt, um noch einfacher an die Beute zu gelangen. Damals diente der Wal als wichtiges Nahrungsmittel und lieferte Grundstoffe, die in der Industrie gebraucht wurden. Heute müsste jedoch kein Wal mehr sterben, denn alle Rohstoffe, die der Wal liefert, können auch anders hergestellt werden (durch Pflanzen oder künstlich erzeugt). Trotzdem werden immer noch Wale umgebracht, obwohl manche Arten schon vom Aussterben bedroht sind.

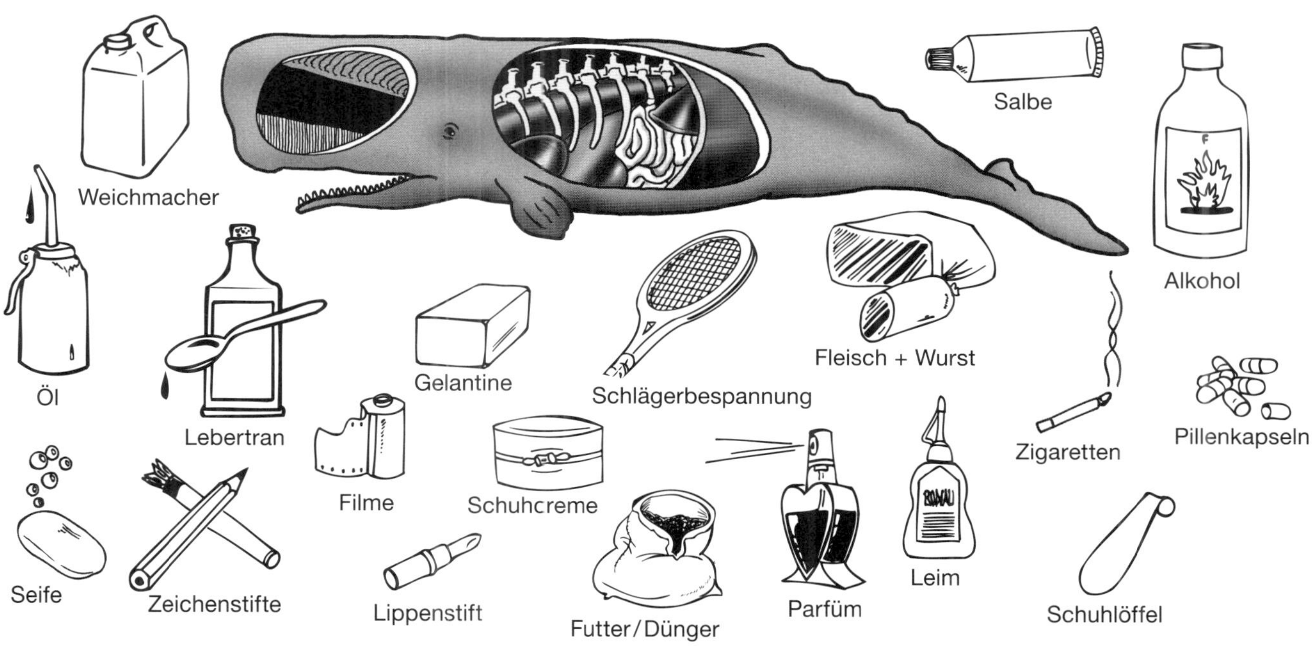

Diese Produkte können durch die Verarbeitung von Haut, Fleisch, Organen, Knochen usw. des Wales hergestellt werden.

- Schreibe auf, welche der oben abgebildeten Dinge du auch bei dir zu Hause findest.

____

____

____

____

____

____

BVK LP09 • Julia Bracke/Birgit Giesen: Literaturprojekt „Sams Wal“

Name: ______________________ Datum: __________

Walfang

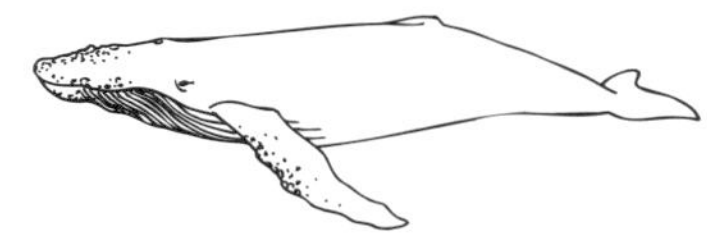

11

Lesetext:
Lange Zeit haben die Menschen schrecklich viele Wale getötet. Sie jagten sie mit Speeren, Harpunenkanonen und sogar mit Sprengstoff, der von Hubschraubern aus der Luft abgeworfen wurde. Dann gab es kaum noch Wale. 1986 wurde der kommerzielle (gewinnorientierte) Walfang verboten. Es durfte also kein Geld mehr mit Walfleisch oder Walprodukten verdient werden. Trotzdem gibt es Länder, die sich nicht an diese Gesetze halten.
Wale gehören zu den bedrohten Tierarten, wir müssen sie schützen! Es gibt Vereine (wie z. B. Greenpeace), die sich dem Walschutz widmen. Diese Vereine haben bewirkt, dass wichtige Gesetze zum Schutz der Meerestiere gemacht wurden. Auch Kinder und Erwachsene haben erfolgreich gegen den Walfang protestiert. Sie fordern Schutzzonen, in denen niemand den Tieren zu nahe kommen darf. Doch Länder wie Japan, Island und Norwegen missachten das Gesetz. Sie behaupten einfach, die Wale aus wissenschaftlichen Gründen zu fangen.

- Lies den Text.
- Diskutiere mit anderen Kindern über diese Stichworte:

die Waffen für den Walfang	die Gesetze zum Walschutz	Norwegen, Island, Japan	der Verein Greenpeace

- Gestalte unten ein Bild für einen Anstecker (Button / Sticker), aus dem hervorgeht, dass du gegen den Walfang – oder für den Walschutz – bist. Male und schreibe.

Tipp: Schneide den Sticker aus und lasse ihn von deiner Lehrerin laminieren. Auf die Rückseite klebst du eine Sicherheitsnadel, dann kannst du den Sticker an deiner Kleidung befestigen.

BVK LP09 • Julia Bracke / Birgit Giesen: Literaturprojekt „Sams Wal“

Name: ______________________________ Datum: ____________

Warum Wale stranden

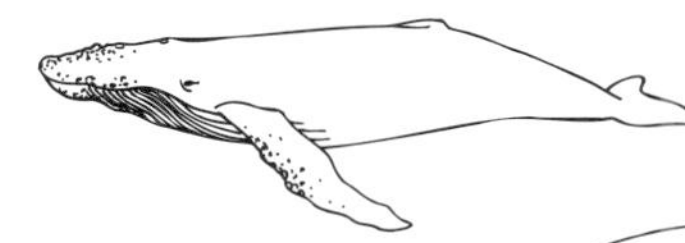

12

- Lies den Text. Es werden drei Ursachen vermutet, warum Wale stranden.
- Unterstreiche im Text die drei Vermutungen mit verschiedenen Farben.
- Schreibe die Vermutungen unten auf.

Lesetext:

Immer wieder liest man in den Zeitungen, dass ganze Herden von Walen an den Strand schwimmen und dort sterben. Sie können an Land nur kurze Zeit überleben, da ihr großes Körpergewicht die Lungen zusammenquetscht und sie ersticken lässt. Außerdem trocknet ihre Haut aus, wenn sie nicht schnell genug ins Wasser befördert werden. Wale sind Herdentiere und folgen immer ihrem Anführer. Es kann vorkommen, dass das Leittier krank ist oder sich verirrt hat und aufs Land zuschwimmt, dann folgt die ganze Gruppe dem Herdentier ins Verderben.

Wale orientieren sich im Meer (ähnlich wie Fledermäuse) über die Echo-Ortung. An flachen Stränden mit Schlickbänken werden die Schallwellen (das Echo) der Wale nicht zurückgeworfen. Durch diese Störung verlieren die Wale ihre Orientierung und stranden.

Wale verständigen und orientieren sich über ihre Töne. Es kann vorkommen, dass der Lärm von Schiffsmotoren und Ölbohrinseln die Wale verwirrt. Ihre Echo-Ortung gerät durcheinander und sie verirren sich. Dabei kann es passieren, dass sie an Land schwimmen.

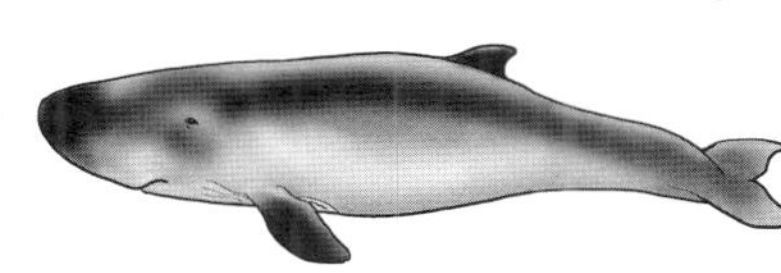

1. Vermutung:

____

____

2. Vermutung:

____

____

3. Vermutung:

____

____

BVK LP09 • Julia Bracke/Birgit Giesen: Literaturprojekt „Sams Wal“

Name: ______________________ Datum: __________

Abschied mit Tränen

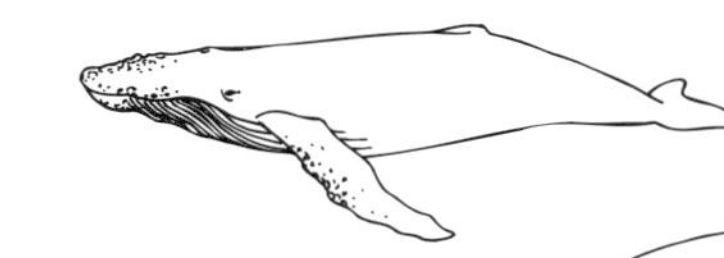

13

- Lies den Zeitungsartikel.
- Beantworte die Fragen.
- Suche Informationen über den Grindwal und schreibe sie auf.

NEWS

Abschied mit Tränen

„Es ist herzzerreißend, aber es gab für die Tiere keine Chance mehr zum Überleben", bedauerte Chris Bailey von der Tierschutzorganisation IFAW. Damit die auf der Ferienhalbinsel Cape Cod (US-Staat Massachusetts) gestrandeten Grindwale nicht länger litten, mussten Tierärzte sie einschläfern – das traurige Ende eines Dramas, das am vergangenen Montag begann.

Trotz ihres pausenlosen Einsatzes schafften es die mehr als 300 Helfer nicht, die Tiere ins offene Meer zu bringen. Dreimal kehrten die Säuger an den Strand zurück. Zunächst gelang es den Tierschützern, 46 Wale zu retten, dann noch einmal 32 – doch auch sie kehrten zurück. Viele Helfer weinten. Grindwale sind besonders von Massenstrandungen betroffen.

1. Wie heißt die Tierschutzorganisation? ______________________

2. Wo genau sind die Wale gestrandet? ______________________

3. Um welche Walart handelt es sich? ______________________

4. Wer schläferte die Tiere ein? ______________________

5. Wie viele Helfer versuchten, die Wale ins Meer zu ziehen? ______________________

6. Wie oft kehrten die Wale trotzdem zum Strand zurück? ______________________

7. Wie reagierten die Helfer nach den gescheiterten Versuchen? ______________________

BVK LP09 • Julia Bracke/Birgit Giesen: Literaturprojekt „Sams Wal"

Name: ______________________________ Datum: ______________

Wale, Tiere der Rekorde

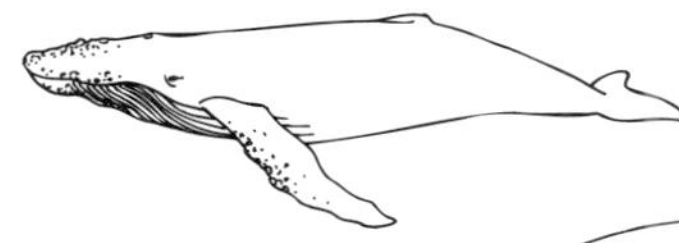

14

Wale sind Giganten der Meere. Manche Walarten können etwas ganz besonders gut.

- Lies den Text über die Rekorde der Walarten.
- Unterstreiche alle Adjektive (Wiewörter).
- Nun steigere sie (z. B. leise – leiser – am leisesten) und schreibe sie auf.

Der Buckelwal gibt die reinsten Töne und das schönste Konzert.

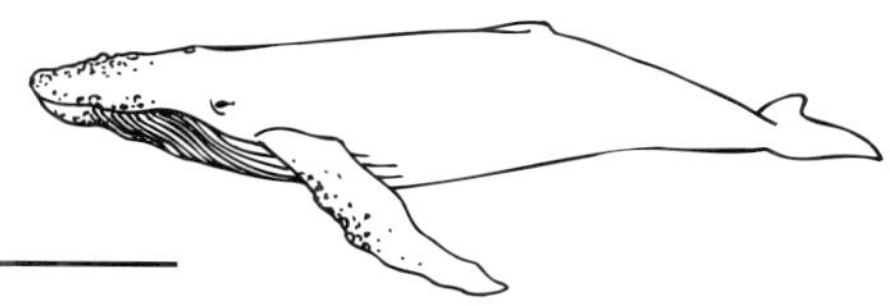

____

____

Der Schwertwal ist das schnellste Meeressäugetier. Er hat das kräftigste Gebiss aller Wale.

____

____

Der Blauwal ist das schwerste Tier der Welt, das jemals gelebt hat.

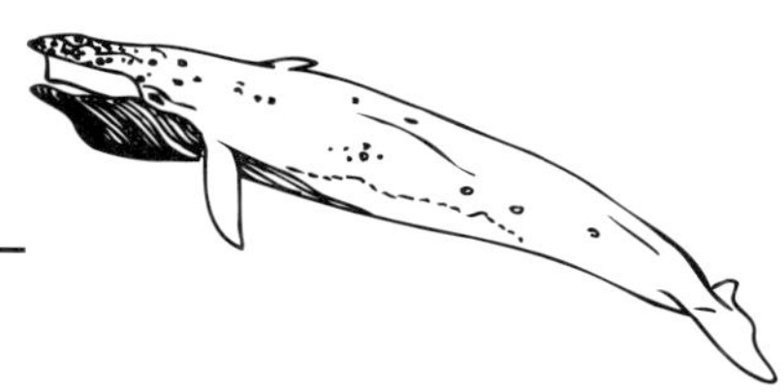

____

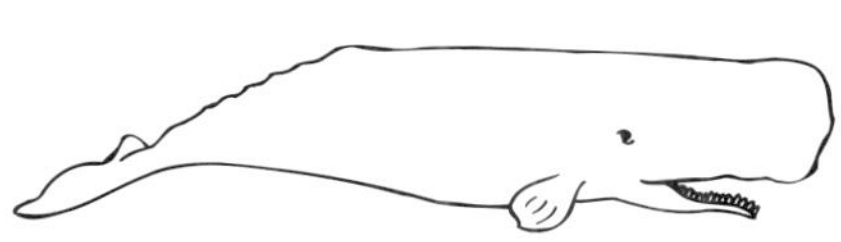

Der Pottwal kann am tiefsten tauchen (bis 2500 m), am längsten unter Wasser bleiben (über eine Stunde) und hat das mächtigste Gebiss der Tierwelt.

____

____

____

Der Grauwal wandert in den Meeren. Dabei legt er die weitesten Entfernungen zurück.

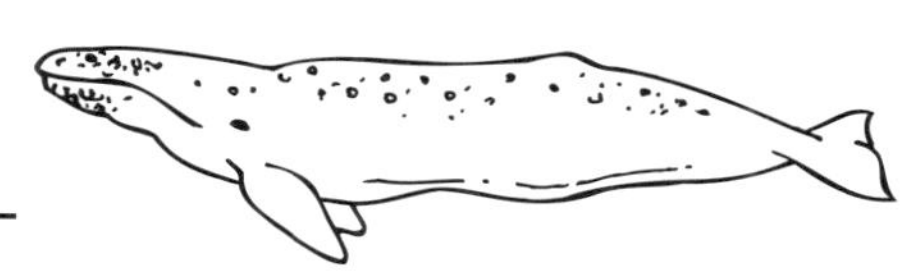

____

BVK LP09 • Julia Bracke/Birgit Giesen: Literaturprojekt „Sams Wal“

Name: ______________________________ Datum: ______________

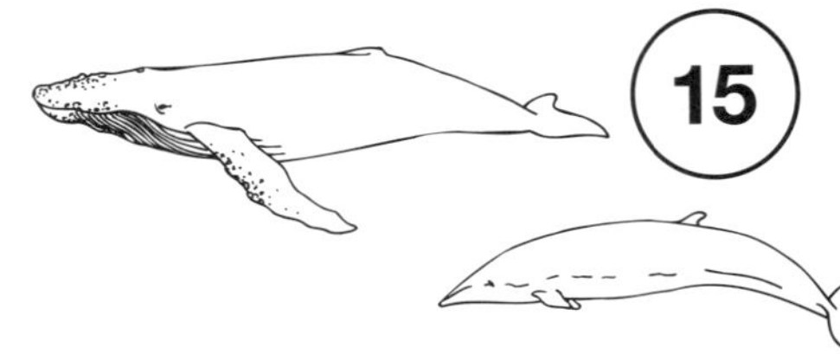

15

Ein Walbaby wird geboren

- Schneide das Domino aus.
- Anschließend kannst du es legen.
- Du kannst es auch auf ein Blatt kleben und anmalen.

START	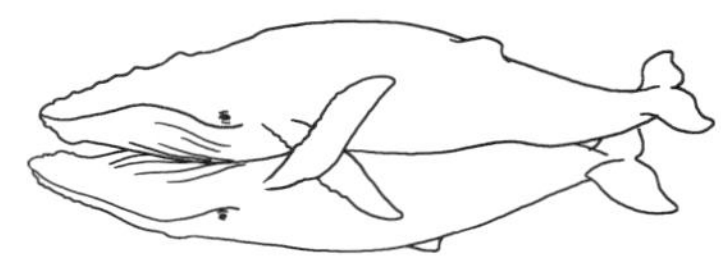
Vor der Paarung spielen die Wale zärtlich miteinander. Dabei berühren sie sich mit ihren Körpern und Flossen und beißen sich spielerisch ins Maul.	
Je nach Walart kommt das Walkalb nach 10–16 Monaten zur Welt. Anders als bei den Säugetieren und Menschen kommt zuerst die Schwanzflosse aus dem Mutterleib.	
Sobald das Walkalb aus dem Leib gepresst ist, dreht sich die Mutter, um die Nabelschnur zu zerreißen.	
Nachdem das Walkalb geboren ist, presst die Walkuh noch die restliche Nabelschnur mit der Nachgeburt aus.	
Nach der Geburt muss das Walkalb schnell an die Wasseroberfläche, um zu atmen. Dabei hilft die Mutter, indem sie das Neugeborene auf ihrem Kopf nach oben trägt.	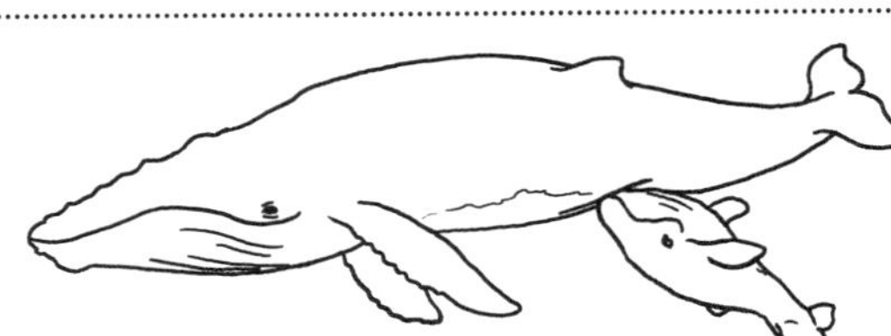
Die Zitzen der Walkuh stecken in den Bauchfalten. Das Walkalb drückt die Zitzen mit seiner Zunge an den Gaumen. Dadurch wird ihm die Muttermilch in den Mund gespritzt.	**ENDE**

BVK LP09 • Julia Bracke/Birgit Giesen: Literaturprojekt „Sams Wal“

Name: ______________________________ Datum: ______________

Wo Wale leben

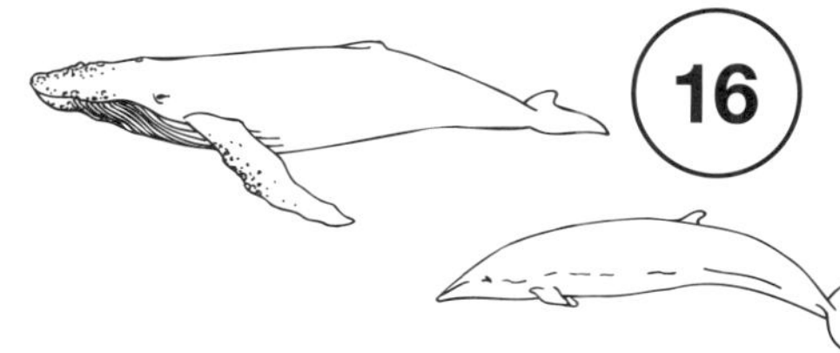

16

Wale und Delfine leben in allen Meeren: Im tiefen Ozean, in kalten Polargebieten und nah an der Küste. Es gibt auch einen Delfin, der im Fluss lebt.
Zahnwale ziehen kaum herum. Bartenwale hingegen wandern weite Strecken. Am liebsten sind sie in den eisigen Polargewässern, weil es dort besonders viel Krill zu fressen gibt. Hier bleiben die Bartenwale, um sich Fettreserven anzufressen. Dann ziehen sie in wärmere Meeresgebiete, um dort ihre Jungen zur Welt zu bringen.

1. Unterstreiche jede Walart in einer anderen Farbe.

2. Wie oft ist die Walart abgebildet?

   Beluga ____ , Blauwal ____ , Nordkaper ____ , Südkaper ____ , Buckelwal ____ .

3. Verbinde die Belugas miteinander, dann erkennst du ihre Wanderroute.

4. Welche andere Walart lebt auch nur in nördlichen Weltmeeren? ______________

5. Schreibe alle Walarten auf, die im Indischen Ozean leben:

   ______________ , ______________ , ______________ .

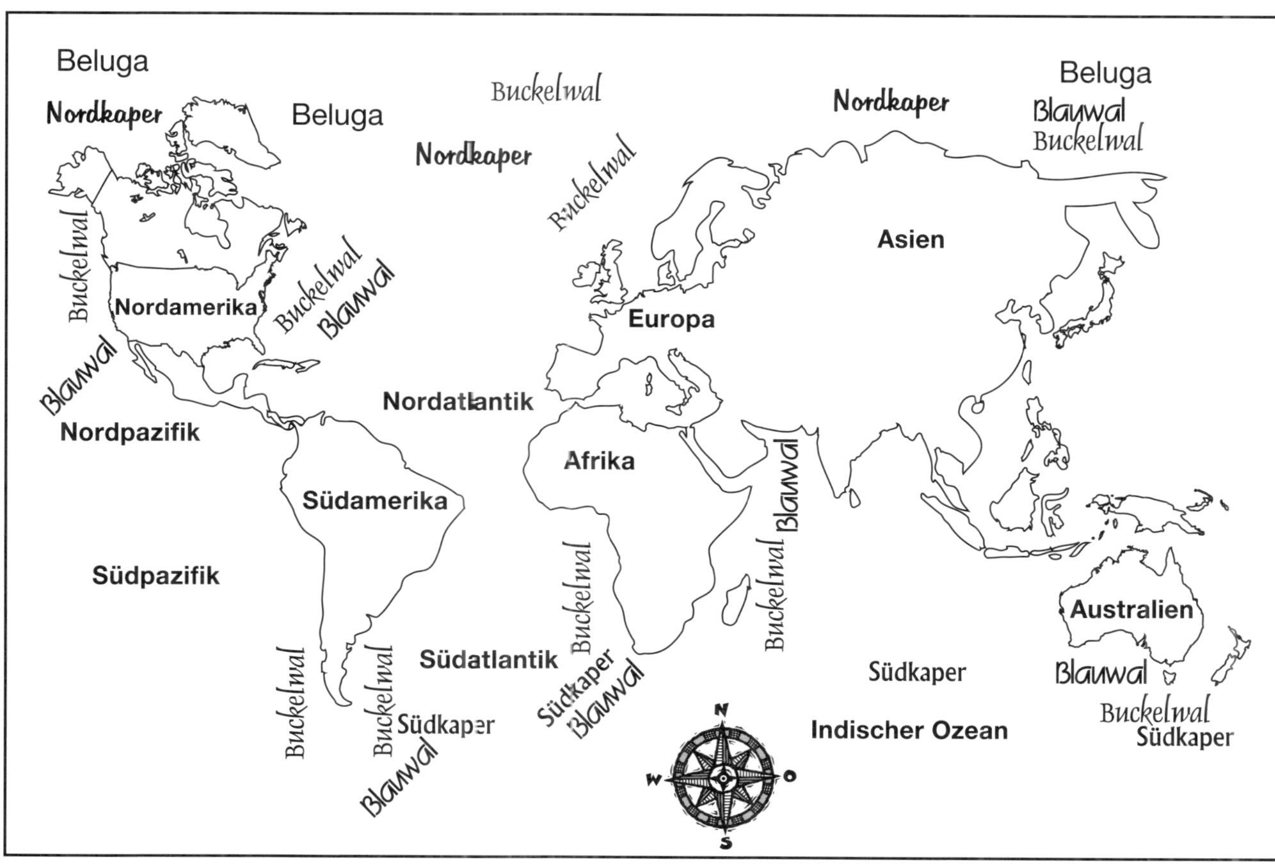

BVK LP09 • Julia Bracke/Birgit Giesen: Literaturprojekt „Sams Wal“

Name: ______________________________ Datum: ______________

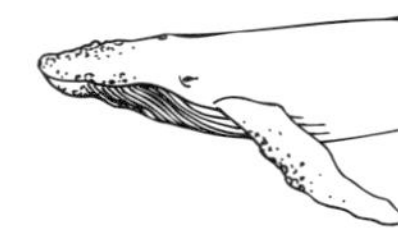

17

Wale-Memo-Spiel (1)

- Schneide die Memo-Karten aus.
- Spiele mit einem Partner das Memo-Spiel.

Blauwal	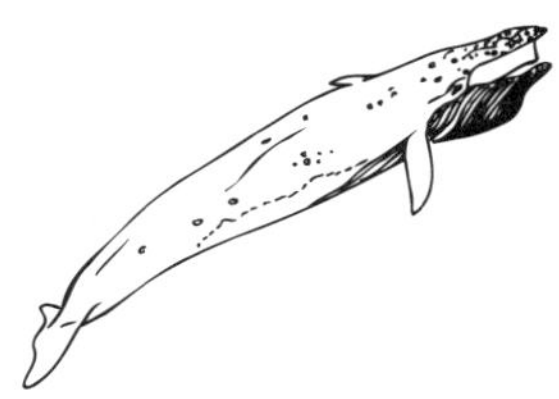	**Finnwal**	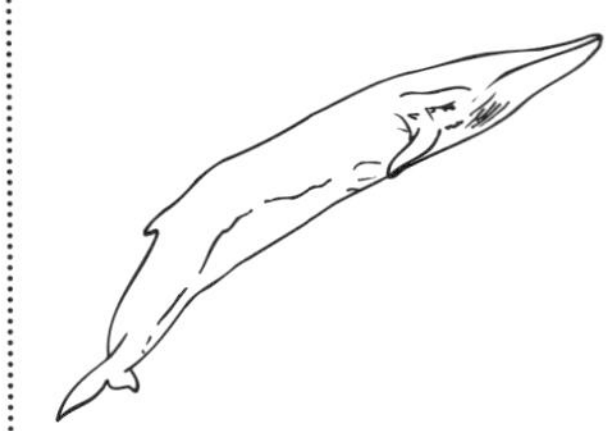
Grönlandwal		**Seiwal**	
Buckelwal	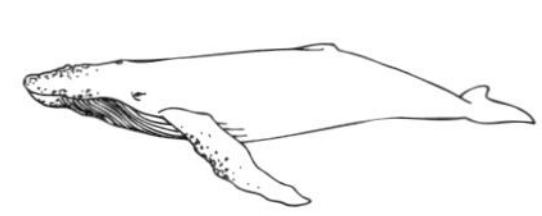	**Nordkaper**	
Grauwal	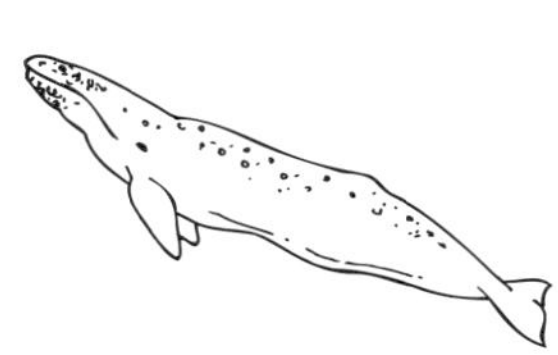	**Zwergwal**	

BVK LP09 • Julia Bracke/Birgit Giesen: Literaturprojekt „Sams Wal“

Name: ____________________ Datum: ____________

Wale-Memo-Spiel (2)

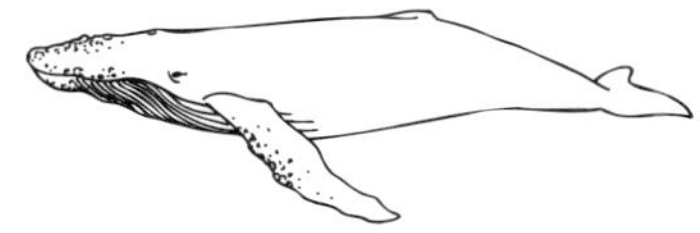

17

Pottwal		**Schwertwal**	
Zweizahnwal		**Grindwal**	
Narwal		**Beluga**	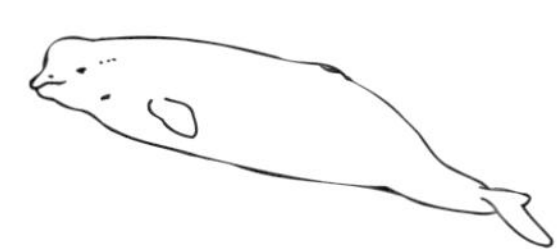
Delfin		**Schweinswal**	

BVK LP09 • Julia Bracke/Birgit Giesen: Literaturprojekt „Sams Wal“

Das große Wale-Quiz

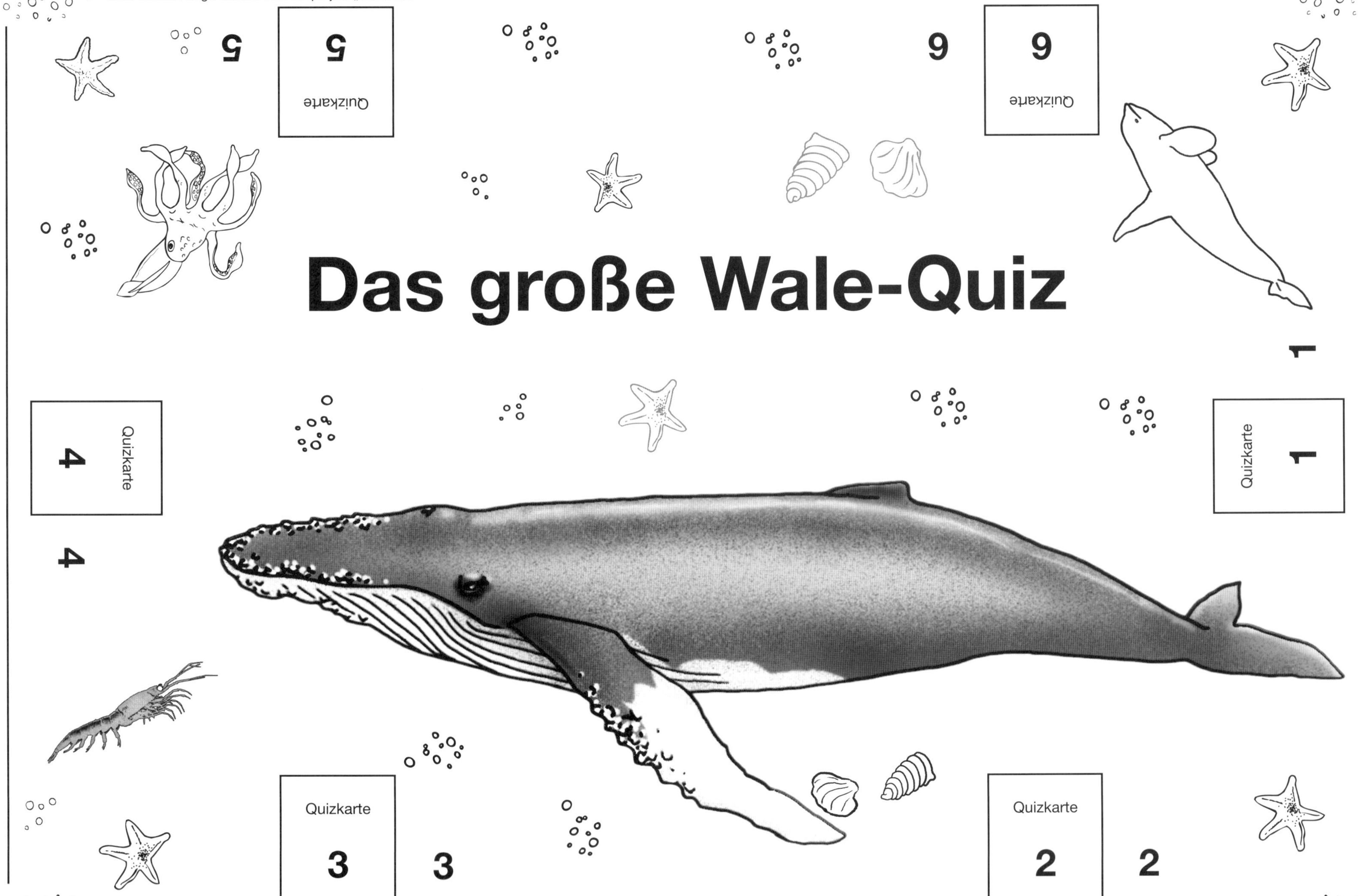

Name: ______________________________ Datum: ____________

Wale-Quiz (1)

18

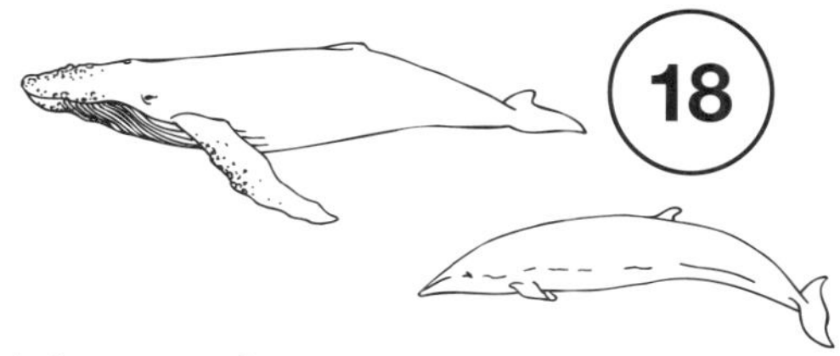

Spielplan:

Die DIN-A4-Vorlage auf DIN A3 (144 %) kopieren, auf Pappe kleben und laminieren.

Die 52 Quizkarten werden aufgeteilt und als Stapel auf die Felder 1 – 6 gelegt.

Spielregeln:

Es wird reihum gewürfelt, das jüngste Kind darf anfangen. Die Augenzahl des Würfels bestimmt die Quizkarte. Das Nachbarkind zieht und liest die Quizfrage vor. Löst das würfelnde Kind die Frage richtig, darf es die Karte behalten. Kann es die Frage nicht lösen, wird die Karte wieder unter den Stapel gelegt. Sieger ist, wer zum Schluss die meisten Quizfragen besitzt.

Quizfragen:

Wie heißen die beiden unterschiedlichen Walarten? **Zahnwale, Bartenwale**	Aus welchem Material bestehen die Barten? **aus Horn**	Wie heißt der größte Wal? **Blauwal**	Gehören die Wale zu den Säugetieren oder zu den Fischen? **Säugetieren**
Wie wird der Schweinswal noch genannt? **Kleiner Tümmler**	Wie ist der richtige Name des Killerwals? **Orca oder Schwertwal**	Wodurch atmen die Wale? **Blasloch**	Was bedeutet Finne? **Rückenflosse**
Was bedeutet Fluke? **Schwanzflosse**	Was bedeutet Flipper? **Brustflosse**	Zu welcher Walart gehört der Pottwal? **Zahnwal**	Wie heißt der Wal mit dem langen Stoßzahn? **Narwal**

BVK LP09 • Julia Bracke/Birgit Giesen: Literaturprojekt „Sams Wal“

Name: ______________________ Datum: ____________

Wale-Quiz (2)

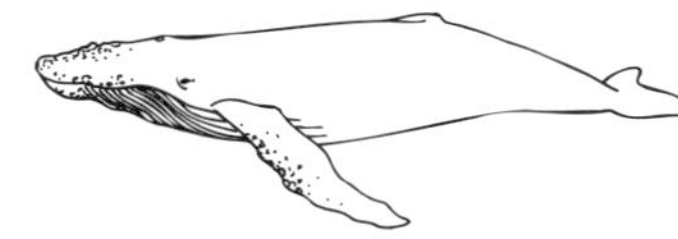

18

Welches sind die schnellsten Zahnwale? **Orcas**	Welche Wale haben besonders lange Brustflossen? **Buckelwale**	Welche Walart strandet besonders häufig? **Grindwal**	Welcher Wal kann am tiefsten tauchen? **Pottwal**
Was fressen Bartenwale? **Krill**	Wie heißt ein Verein, der sich um den Umweltschutz kümmert? **Greenpeace, IFAW**	Wer ist der größte Feind des Wales? **der Mensch**	Was ist der Pilotwal? **Leittier der Grindwale**
Was bedeutet Delfinschule? **große Gruppe von Delfinen**	Was ist die Melone? **Organ für Echo-Lotung im Kopf eines Wales**	Mit welchem Körperteil kommen Walbabys zuerst zur Welt? **Schwanzflosse**	Wie nennt man das Walfett? **Tran**
Welche Länder halten sich nicht an das Walfangverbot von 1986? **Norwegen, Island, Japan**	Welchen Namen hat der Weißwal noch? **Beluga**	Wie heißt die Waffe, mit der Wale getötet werden? **Harpune, Harpunenkanone**	Wie werden die Walbabys ernährt? **mit Muttermilch**
Woran erkennt man bei Zahnwalen das Alter? **an den Zähnen**	Welcher Wal kann am längsten tauchen? **Pottwal**	Wie heißt die dicke Fettschicht der Wale? **Blubber**	Wie viele verschiedene Zahnwale gibt es etwa? **70**

BVK LP09 • Julia Bracke/Birgit Giesen: Literaturprojekt „Sams Wal"

Name: ______________________ Datum: ____________

Wale-Quiz (3)

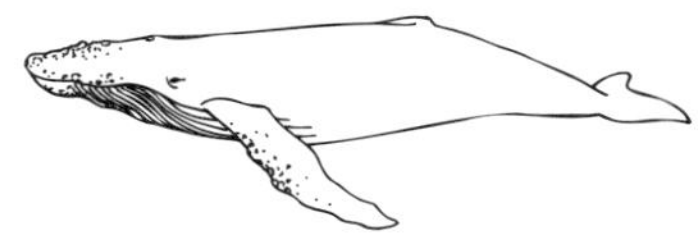

18

Wie viele verschiedene Bartenwale gibt es etwa? **11**	Wer war der Basilosaurus? **Vorfahr der Wale**	Wie nennt man das Walbaby? **Walkalb**	Wer ist die Walkuh? **das Walweibchen**
Welche Walart ist besonders zahm und gelehrig? **Delfin**	Welche Walart gibt es auch in der Nordsee und der Ostsee? **Schweinswale**	Sind es Zahnwale oder Bartenwale, die besonders lange Strecken zurücklegen? **Bartenwale**	Haben alle Bartenwale nur ein Blasloch? **Nein, Bartenwale haben zwei Blaslöcher.**
Wie alt kann ein Blauwal werden? **bis zu 80 Jahre alt**	Wie viele Elefanten sind etwa so schwer wie ein Blauwal? **etwa 30**	Wie lange bleibt ein Baby etwa im Mutterbauch? **10–16 Monate**	Gehört der Hai zu den Bartenwalen oder Zahnwalen? **Der Hai ist kein Wal.**
Gehören Delfine zu den Walen? **ja (Zahnwale)**	Welche Wale werden in Delfinarien gehalten? **Delfine, Schwertwale**	Greifen Wale auch Menschen an? **Nein, es ist kein Fall bekannt.**	Welcher Wal spielt bei Moby Dick eine Rolle? **ein weißer Pottwal (Albino)**
Welche Walart hält sich nur in nördlichen Weltmeeren auf? **Beluga, Nordkaper**	Wie viele Tonnen Krill verspeist ein Blauwal etwa jeden Tag? **vier Tonnen**	Welcher Wal ist für seinen schönen Gesang bekannt? **Buckelwal**	Wie nennt man die Krebstierchen, die von Bartenwalen gefressen werden? **Krill**

BVK LP09 • Julia Bracke/Birgit Giesen: Literaturprojekt „Sams Wal"

Name: ______________________________ Datum: ____________

Wale-Fensterbild

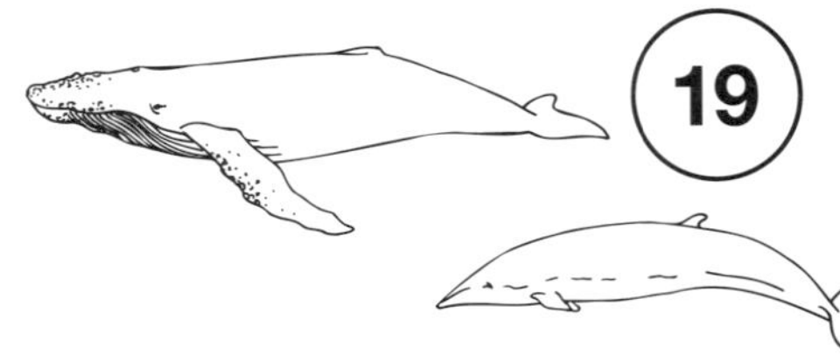

19

Du brauchst:
- dunkelblaues, dunkelbraunes oder dunkelgrünes Papier
- hellblaues oder hellgrünes Transparentpapier (oder Butterbrotpapier)
- Kartoffelstempel (mit Wellenformen)
- Wasserfarbe
- Kleber
- weißes Papier

So geht es:
1. Übertrage die Vorlage zweimal auf Tonpapier und einmal auf Transparentpapier.
2. Schneide die Walformen aus.
3. Bastle dir einen Kartoffelstempel mit Wellenformen.
4. Bedrucke mit dem Kartoffelstempel das Transparentpapier mit dunkelblauer Wasserfarbe.
5. Klebe das Transparentpapier zwischen die beiden Walkörper.
6. Male einen großen, schwarzen Punkt als Auge. Klebe einen kleinen, weißen Punkt hinein.

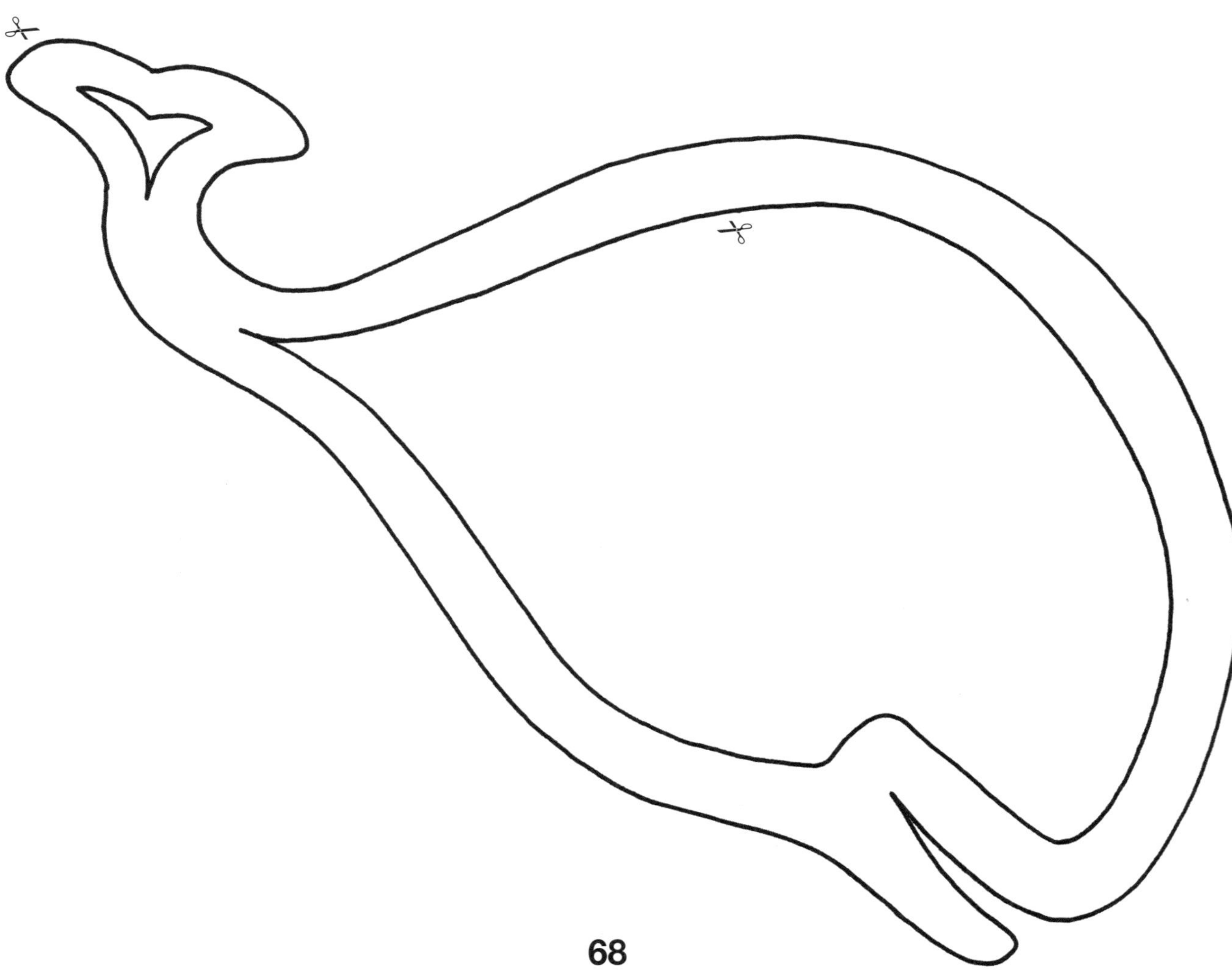

BVK LP09 • Julia Bracke/Birgit Giesen: Literaturprojekt „Sams Wal"

Lösungen zu den Arbeitsblättern und Lernangeboten

zu S. 9: Wer kann Sam helfen?

Lösungswort: KÜSTE

zu S. 10: Sams Lager

B	L	E	I	S	T	I	F	T	S	T	U	M	M	E	L
	T	R	E	I	B	H	O	L	Z	S	T	Ü	C	K	E
										T					
										U					R
W	I	R	B	E	L	K	N	O	C	H	E	N			I
A			O							L			R		P
L			J						S				I		P
Z			E						E				N		E
Ä			N						I				D		
H									L				E		
N			S	I	T	Z	B	R	E	T	T				
E															
		N	E	T	Z	E									

zu S. 15: Rätsel

1.	B	U	**S**$_{E}$	C	H	M	E	S	S	E	R									
2.	**N**$_{B}$	A	T	U	R	W	I	S	S	E	N	S	C	H	A	F	T	L	E	R
3.	H	**A**$_{A}$	I	–	W	A	L													
4.	**G**$_{C}$	E	B	O	G	E	N													
5.	L	**U**$_{D}$	C	Y																
6.	B	L	U	T	E	**T**$_{J}$														
7.	S	E	G	E	L	T	U	C	H											
8.	H	I	**M**$_{I}$	M	E	L														
9.	**K**$_{F}$	I	E	F	E	R														
10.	J	Ä	**M**$_{H}$	M	E	R	L	I	C	H										
11.	F	U	ß																	
12.	D	U	N	K	E	L	R	**O**$_{G}$	T											

Lösungswörter: ANGUS KOMMT

zu S. 17: Angus kommt zu Hilfe

Lösungswort: POTTWALE

zu S. 28: Lernwörter

Zu 1.:

Seetang; Schönheit; vorsichtig; Meerestier; gummiartig; beeindrucken; entdecken; selten

Zu 2.:

Nomen: Körper, Treibgut, Walauge, Insekten, Düne, Walrücken, Brandung

Verben: glänzen, nähern, schützen, reißen, brennen

Adjektive: winzig, selten

Lösungen zu den Arbeitsblättern und Angeboten

zu S. 44, Angebot 1: Ist der Wal ein Fisch?

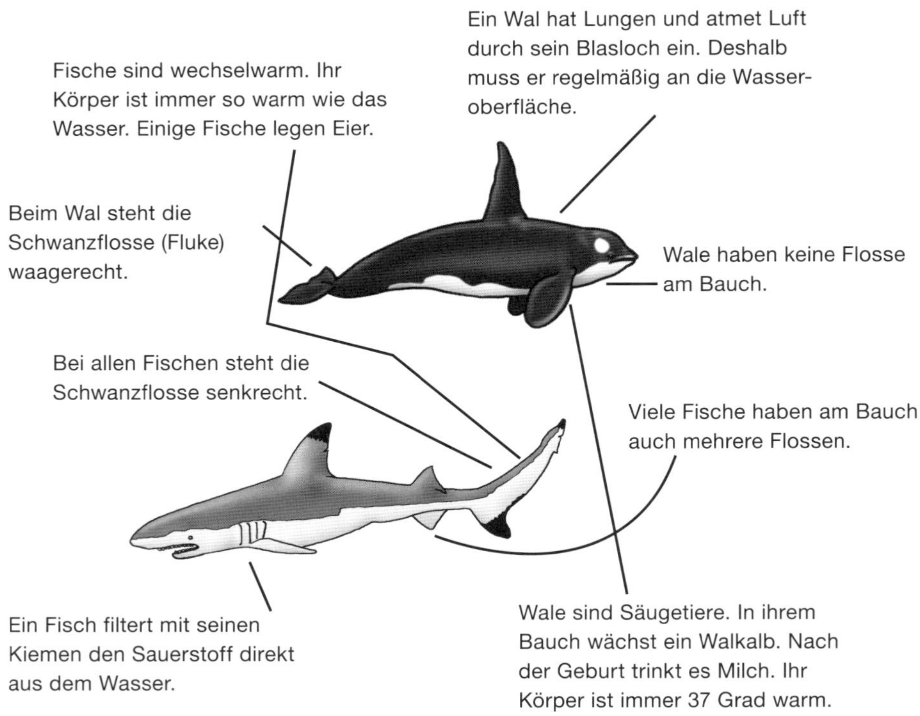

zu S. 49, Angebot 4: Die Körperteile des Wales

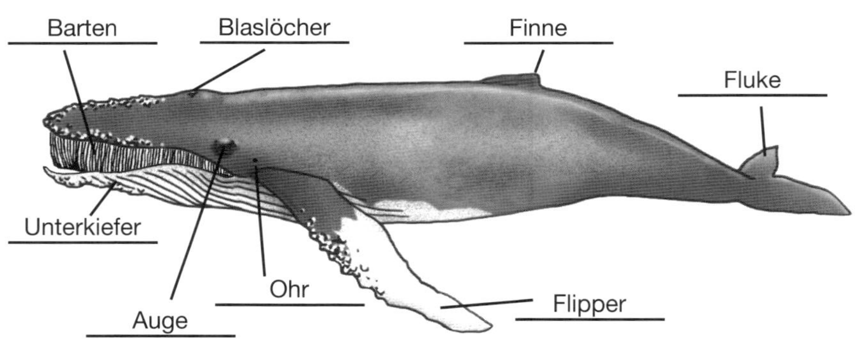

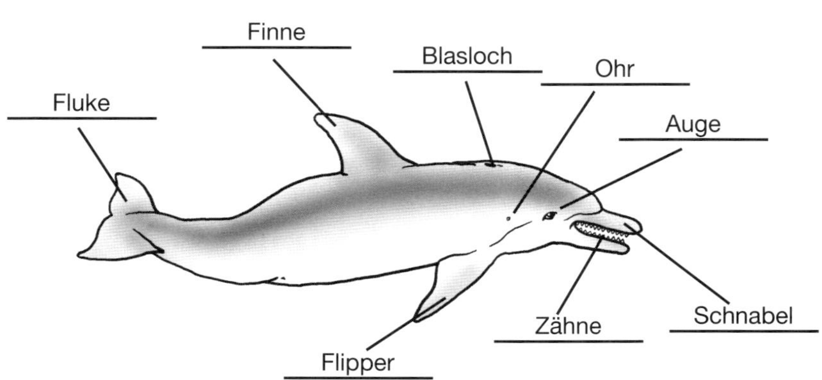

Lösungen zu den Arbeitsblättern und Angeboten

zu S. 50, Angebot 5: Zahnwale

S	C	H	W	E	I	N	S	W	A	L
W		D	E	L	F	I	N	E		T
E	N	T	E	N	W	A	L			Ü
I			N							M
ß			A							M
W		G	R	I	N	D	W	A	L	L
A			W							E
L			A							R
			L	P	O	T	T	W	A	L
S	C	H	N	A	B	E	L	W	A	L
S	C	H	W	E	R	T	W	A	L	

zu S. 51, Angebot 6: Bartenwale
Nordkaper, Buckelwal, Blauwal, Finnwal, Grönlandwal, Grauwal

zu S. 53, Angebot 8: Der Riese Blauwal
Ein Blauwal wird etwa **80** Jahre alt.
Er kann bis zu **37** Stundenkilometer schnell schwimmen.
Sein Blas ist so hoch wie ein **dreistöckiges Haus.**
Am Tag frisst er **4** Tonnen Krill, das sind etwa **4 Millionen** Tierchen.
Sein Herz hat die Größe eines **Automotors.**
Durch seine Hauptschlagader könnte ein **Mensch** kriechen.
Ein Blauwal wiegt bei seiner Geburt **2500** kg und ist **7** m lang.
Er trinkt am Tag etwa **200** Liter Muttermilch.

zu S. 54, Angebot 9: Der friedliche Orca
Zahnwal, friedlich, Pfiffe als „Walsprache“, Fische, Delfinarium, Gruppentier, Pinguine, zehn Tonnen schwer, Weltmeere, schwarz/weiß, Schwertwal, Killerwal, Walangreifer, schnellster Schwimmer

zu S. 58, Angebot 13: Abschied mit Tränen
Zu 1.: IFAW
Zu 2.: auf der Ferieninsel Cape Cod (US-Staat Massachusetts)
Zu 3.: Grindwale
Zu 4.: Tierärzte
Zu 5.: mehr als 300 Helfer
Zu 6.: dreimal
Zu 7.: sie weinten

zu S. 61, Angebot 16: Wo Wale leben
Zu 2.: Beluga **3;** Blauwal **7;** Nordkaper **3;** Südkaper **4;** Buckelwal **10;**
Zu 4.: Nordkaper
Zu 5.: Blauwal, Südkaper, Buckelwal

BVK LP09 • Julia Bracke / Birgit Giesen: Literaturprojekt „Sams Wal“

Literaturtipps für Kinder

Sachbücher:
- Wir entdecken Wale und Delfine (Wieso? Weshalb? Warum? Band 41), Ravensburger Verlag, 2007
- Wale und Delfine. Die sanften Riesen (Was ist Was? Band 85), Tessloff Verlag, 2017
- Frag doch mal ... die Maus! Wale und Delfine (Die Sachbuchreihe, Band 12), cbj Verlag, 2009
- Wale und Delfine (WAS IST WAS Junior Band 26), Tessloff Verlag, 2016
- Wale und Delfine (memo kids), Dorling Kindersley, 2014
- Der Wal und andere Meerestiere: Meyers kleine Kinderbibliothek 60, Bibliographisches Institut, 2. Auflage 2007
- Wale & Robben (memo Wissen entdecken), Dorling Kindersley, 2013
- GEOlino extra 56/2016 – Wale & Delfine, Gruner + Jahr, 2016
- memo Quiz. Haie, Wale & Delfine, Dorling Kindersley, 2014

Kinderbücher:
- Rauprich, Nina: Die sanften Riesen der Meere
- Melville, Hermann: Moby Dick

Tierschutz Wale:
- Gesellschaft zur Rettung der Delphine e. V., Kornwegerstr. 37, 81375 München, *www.delphinschutz.org*
- Greenpeace e. V., Hongkongstraße 10, 20457 Hamburg, *www.greenpeace.de*
- WWF Deutschland (World Wildlife Fund), Reinhardstr. 18, 10117 Berlin, *www.wwf.de*
- DEEPWAVE e. V. (Die Meeresschutzorganisation), Sodenkamp 13e, 22337 Hamburg

Hörspiele / DVDs:
Was ist Was, Folge 13: Wale & Delfine / Geheimnisse der Tiefsee, Tessloff Verlag, 2013
Was ist Was, Folge 50: Orcas / Polarmeere, Tessloff Verlag, 2012
WAS IST WAS TV DVD: Wale und Delfine, Tessloff Verlag, 2016

Basteln:
- Walmodelle sehr naturgetreu, einsetzbar für die Erstellung eines Mobiles oder einer Ausstellung: Labbé, die bunte Werkstatt, *www.labbe.de*
- Stickkarten Meerestiere: Labbé, die bunte Werkstatt, *https://shop.labbe.de/* („Stickkarten Meerestiere" in das Suchfeld eingeben)
- Malvorlagen: *www.affefreund.com/malvorlagen/ausmalbilder/wale/* • *t1p.de/Malvorlagen-Wale (wdcs.org)* • *www.ausmalbilderxd.com/ausmalbilder-wale/*

Internet:
• *www.delphinschutz.org* • *www.wdcs-de.org* • *www.greenpeace.de* • *www.wwf.de* • *www.wale.org* • *www.planet-wissen.de* • *www.gsm-ev.de*

Internetseiten für Kinder:
Bei folgenden Suchmaschinen ist viel Wissenswertes über Wale und Delfine zu finden:
• *www.geo.de/GEOlino* • *www.wasistwas.de* • *www.blinde-kuh.de* • *www.kinder-tierlexikon.de* • *www.fragfinn.de* • *www.helles-köpfchen.de* • *www.naturdetektive.de* • *www.wdcs.org/wdcskids/de/*